After Effects 影视后期案例全解

主　编：于丽娜　王雨捷　鲁　娟
副主编：魏云素　王江鹏　张世民
参　编：耿　琳　王颜羽　李　洁　褚　祚

北京理工大学出版社
BEIJING INSTITUTE OF TECHNOLOGY PRESS

内 容 简 介

本书以 Adobe After Effects 软件为平台，以影视项目（商业案例）制作流程为主线，以影视制作职业能力培养为目标，以技能应用为切入点，详细讲解了该软件在影视编辑、合成、动画、特效制作中的典型应用和综合应用。

本书主要内容包括两大部分，第一部分为 Adobe After Effects 软件基础篇，第二部分为商业案例实战篇，实战篇又分 9 个项目来讲解该软件的综合运用。

本书主要面向影视编辑与特效制作的初、中级读者，尤其适合高职院校数字媒体、动漫和多媒体技术等专业（电子信息大类）的教与学，同时，也可作为动漫、影视、后期等培训机构的培训教材。

图书在版编目（C I P）数据

After Effects 影视后期案例全解 / 于丽娜，王雨捷，
鲁娟主编. -- 北京：北京理工大学出版社，2024.1
　　ISBN 978 - 7 - 5763 - 3358 - 9

　　Ⅰ．①A… Ⅱ．①于… ②王… ③鲁… Ⅲ．①图像处
理软件 Ⅳ．①TP391.413

　　中国国家版本馆 CIP 数据核字（2024）第 032525 号

责任编辑：王玲玲　　　文案编辑：王玲玲
责任校对：刘亚男　　　责任印制：施胜娟

出版发行 / 北京理工大学出版社有限责任公司
社　　址 / 北京市丰台区四合庄路 6 号
邮　　编 / 100070
电　　话 / (010) 68914026（教材售后服务热线）
　　　　　　 (010) 68944437（课件资源服务热线）
网　　址 / http://www.bitpress.com.cn

版 印 次 / 2024 年 1 月第 1 版第 1 次印刷
印　　刷 / 唐山富达印务有限公司
开　　本 / 787 mm × 1092 mm　1/16
印　　张 / 13.25
字　　数 / 291 千字
定　　价 / 82.00 元

前 言

　　Adobe After Effects 自推出之日起，就深受影视后期制作人员的喜爱，是当今最流行的影视后期合成、动画、特效制作软件之一。在很多职业院校的数字媒体、动漫和多媒体技术等专业（电子信息大类），以及动漫培训机构中，Adobe After Effects 软件被视为影视动画人才必须掌握的核心软件。

　　本书按照由浅入深、由基础到综合实战的思路，分为两大部分：基础篇和实战篇。基础篇衔接从零到入门的阶段。实战篇以真实、大型商业案例为主线，在讲解软件综合运用的同时，渗透应用技巧、实战经验等。实战篇又分 9 个项目拆解案例，每个项目具备能力目标、素养目标、项目分析、项目实战、项目扩展 5 个闭环，其中，项目实战环节再分为若干任务，清晰项目制作的脉络。

章节	课程内容	学时分配	
		讲授	实训
基础篇·项目一	After Effects 基础操作	4	2
实战篇·项目二	制作开场 LOGO 动画	1	2
实战篇·项目三	制作"为千百万女性甄选"动画	2	3
实战篇·项目四	制作多人滑动动画	3	4
实战篇·项目五	"古典美玉　匠心传承"画面	2	3
实战篇·项目六	古法制玉流程	2	3
实战篇·项目七	相框玉盒动画	2	3
实战篇·项目八	制作碧玉手镯卖点动画	2	3
实战篇·项目九	增加模特演绎、LOGO 画面	2	3
实战篇·项目十	整体合成输出	2	3

本书内容汇集了几位编者多年来的教学实践和研究成果，但由于水平有限，书中难免有疏漏之处，恳请广大读者批评指正。

编者

目 录

第一篇
基础篇

随着科技水平的不断进步和计算机技术的不断提升，在电影制作过程中，影视后期特效制作及合成得到了越来越广泛的应用。

影视后期在整个影片制作中具有非常重要的地位，After Effects软件是专业的影视后期特效制作及合成软件，本篇重点是让大家熟悉After Effects软件的操作界面，了解After Effects软件的应用领域，为制作实战项目做好铺垫。

项目一

After Effects基础操作

能力目标

1. 了解 After Effects 软件的作用。
2. 熟悉 After Effects 软件的操作界面。
3. 了解 After Effects 软件的应用领域。
4. 定制属于自己的软件工作界面。

素养目标

1. 能够熟悉 After Effects 软件的功能和操作界面，提升自学能力。
2. 通过欣赏影视后期类的作品，提高审美能力。

一、认识 After Effects

Adobe After Effects 简称 "AE"，是 Adobe 公司推出的一款图形视频处理软件，适用于从事设计和视频特技的机构，包括电视台、动画制作公司、个人后期制作工作室以及多媒体工作室等。After Effects 属于层类型的后期软件，操作界面如图 1 - 1 所示。

图 1 - 1　AE 操作界面

Adobe After Effects 软件可以帮助用户高效且精确地创建无数种引人注目的动态图形和震撼人心的视觉效果。利用与其他 Adobe 软件无与伦比的紧密集成和高度灵活的 2D 与 3D 合成，以及数百种预设的效果和动画，为电影和视频增添令人耳目一新的效果。

Adobe After Effects，是用于高端视频特效系统的专业特效合成软件，它隶属于美国的 Adobe 公司。它借鉴了许多优秀软件的成功之处，将视频特效合成上升到了新的高度，它具有如下优点：

（1）Photoshop 中层的引入，使 After Effects 可以对多层的合成图像进行控制，制作出天衣无缝的合成效果。

（2）关键帧、路径的引入，使用户对控制高级的二维动画游刃有余。

（3）高效的视频处理系统，确保了高质量视频的输出。

（4）令人眼花缭乱的特技系统使 After Effects 能实现使用者的一切创意。

After Effects 同样保留了 Adobe 软件优秀的兼容性，具体体现在如下方面：

（1）它可以非常方便地调入 Photoshop、Illustrator 的层文件。

（2）Premiere 的项目文件也可以近乎完美地再现于 After Effects 中，甚至还可以调入 Premiere 的 EDL 文件。

（3）After Effects 还能将二维图形和三维图形在一个合成中灵活地混合起来。使用三维的层切换按钮可以随时把一个层转化为三维层，二维和三维的层都可以水平或垂直移动。

（4）三维层可以在三维空间里进行动画操作，同时，可以保持与灯光、阴影和相机的交互影响。

（5）After Effects 支持大部分的音频、视频、图文格式，甚至还能将记录三维通道的文件调入并进行更改。

二、After Effects 的应用领域

After Effects 是一款视频合成与特效制作的软件，主要应用于视频合成与特效制作。

● 视频合成

视频合成主要内容包含抠像、调色、文字、蒙版、追踪等。由于 After Effects 也是基于图层的，所以这方面和 Photoshop 基本相差无几，因此 After Effects 又被称为动态的 Photoshop，如图 1-2 所示。

● 特效制作

在 After Effects 中，如果要制作更加精美的特效（图 1-3），就需要使用各种插件。After Effects 的插件非常多，需要重点学习，掌握学习方法，比如 Particular、Form、Element3d 等。

● MG 动画

MG 动画英文全称为 Motion Graphics，通常是指图文设计、多媒体 CG 设计、电视包装

等，是一种融合了电影与图形设计的语言，是近些年来流行的一种独特、新颖的模式。MG动画短小精悍，题材、手法、风格包容性强，是一个很强大的展示手段，现在的很多工作中，MG 动画占到很大比重，如图 1-4 所示。

图 1-2　视频合成

图 1-3　视频特效

图1-4 MG 动画

三、After Effects 的工作界面

1. After Effects 的界面组成

After Effects CC 2021 的操作界面由菜单栏、工具栏、项目面板、合成面板、时间轴面板及其他窗口面板组成，如图 1-5 所示。

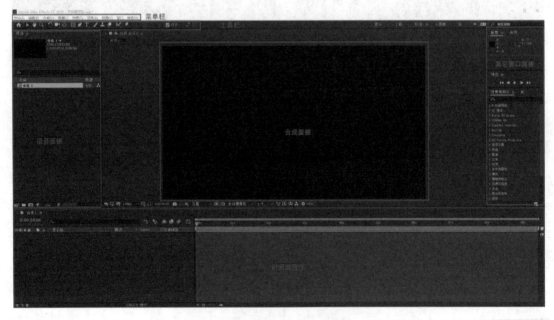

图1-5 AE 工作界面

单击任何面板都会激活该面板，被激活的面板会以蓝色边框突出显示。激活之后便可访问该面板的选项。按下 ~ 键可以最大化显示该面板。所有面板都可以任意拼接和浮动。

2. 各功能区的作用

• 菜单栏

菜单栏包含文件、编辑、合成、图层、效果、动画、视图、窗口以及帮助菜单。菜单栏集合了 After Effects 软件所有的功能和操作命令，如图 1-6 所示。

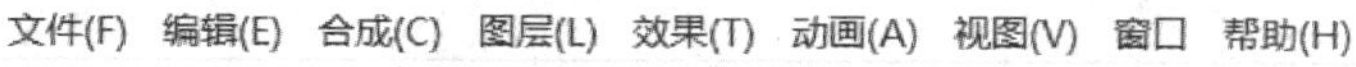

文件(F) 编辑(E) 合成(C) 图层(L) 效果(T) 动画(A) 视图(V) 窗口 帮助(H)

图 1-6 AE 菜单栏

• 工具栏

工具栏包含了在进行合成和编辑项目时经常使用的各类工具。可以通过单击或者快捷键选择相应的工具，工具按钮右下角的黑三角表明它有隐含的工具，可在工具上长按鼠标左键，在弹出的面板中选择相应的工具，如图 1-7 所示。

图 1-7 AE 工具栏

• 项目面板

项目面板是用来放置和管理影片及素材的地方，可在 After Effects 项目中导入、搜索和整理素材。可以在面板底部新建文件夹和合成，并可以完成解释素材、替换素材及对合成进行设置等操作，如图 1-8 所示。

图 1-8 项目面板

● 合成面板

合成窗口主要用来显示各个层的效果，而且还可以对层做直观的调整，包括移动、旋转、缩放等，对层使用的各种效果都可以在这个窗口中显示出来，如图 1-9 所示。

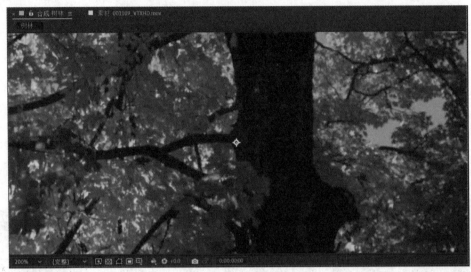

图 1-9　合成面板

● 时间轴面板

After Effects 的大量工作都是在时间轴面板上完成的。时间轴面板可分为两大部分：图层控制区域及时间线区域，如图 1-10 所示。

图 1-10　时间轴面板

● 其他窗口级联排列在软件的右侧

"信息"面板用于显示合成中颜色和坐标信息。"音频"面板用来显示音频信息。"预览"面板可以实现对合成及素材的预览播放。"效果和预设"面板用来查找软件自带的以及插件的滤镜效果和一些预置的效果。除此之外，还有"对齐""库""字符""段落""跟踪器""内容识别填充"等窗口。这些窗口在需要的时候可以在"窗口"菜单中调出，如图 1-11 所示。

3. 自由定制属于自己的工作界面

● 工作区

在"窗口"菜单的工作区中，After Effects 提供了 15 个常用的工作区用于在不同工作内容中切换使用，以提供更方便的操作，如图 1-12 所示。

图 1-11　其他级联
排列窗口

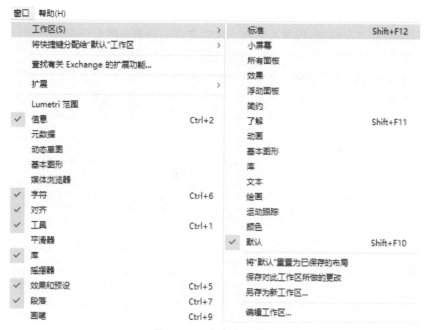

图 1 - 12　自定义工作区

- 保存自己的工作区

可以按照工作习惯和需要来排列、组合、关闭和打开相应的窗口来配合我们的工作。当想保存自己定制的工作区时，只需要在"窗口"菜单的工作区选项中选择"另存为新工作区"并命名。软件退出后再打开，还会回到 After Effects 默认的工作区模式，要想再次启动时依然保留自己的工作区模式，则选择"将此重置为已保存的工作区"，就可以恢复成自己保存好的工作区。

项目扩展

课后练习：倒计时片头动画
效果示意如图 1 - 13 所示。

图 1 - 13　素材画面

主要步骤：

（1）新建项目，在项目面板导入素材，建立文件夹对素材进行分类。

（2）新建合成，将素材放入时间轴面板。

（3）在时间轴面板中调整好每段素材的播放时间。

（4）预览动画，单击"文件"→"导出"→"添加到渲染队列"，导出视频为 MOV 格式。

项目名称	任务内容
任务讨论	本任务主要介绍界面中的工具。熟知 After Effects CC 的界面，掌握工具的名称及应用，对于我们在使用过程中有哪些好处？
知识链接	面板分区：项目面板、合成面板、时间轴面板。
任务要求	1. 了解 After Effects 软件的作用。 2. 熟悉 After Effects 软件的操作界面。 3. 了解 After Effects 软件的应用领域。 4. 定制属于自己的软件工作界面。
任务实现	步骤 1：了解 After Effects CC 软件。 步骤 2：熟知各面板的作用和用途。
任务总结	通过完成上述任务，你学到了哪些知识和技能？
课后思考	After Effects CC 的主要应用领域有哪些？
课堂笔记	

第二篇
实战篇

　　产品宣传片是公司对外宣传自身品牌产品的形式之一,可以将公司的简介、主打产品及优势通过影视手段介绍给客户。产品宣传片采用电影电视的制作手段,展现产品的主要功能、设计理念、操作便捷性等方面,本篇通过黄金皂产品宣传片的项目实战,来让大家熟悉产品宣传片项目的整体工作流程。

项目二

制作开场LOGO动画

能力目标

1. 掌握LOGO及文字动画的制作，并能举一反三，制作其他形式的开场动画。
2. 掌握渐变背景的制作。
3. 掌握粒子的合成技术。

素养目标

1. 通过练习开场动画，养成勤于思考的习惯。
2. 通过练习此项目，培养清晰的逻辑思考能力，提高审美能力。

项目分析

此项目为和田碧玉手镯产品宣传片的开场部分，主题画面是产品LOGO缓动动画，清晰地突出品牌。辅助背景用到了高亮、径向渐变灰，再配合大小二级金色光斑，也彰显了产品时尚、高级的特点。

开场以简约风格突出产品LOGO，结合产品确定开场风格为亮色调，高亮灰，要在配色上调亮各元素，效果如图2-1所示。

图2-1 视频画面

项目实战

任务一　新建合成工程并制作渐变背景

知识链接

1. 合成工程的建立

执行"合成"→"新建合成"菜单命令，弹出"合成设置"对话框，或者按快捷键"Ctrl + N"也可以弹出"合成设置"对话框进行设置，如图 2-2 所示。

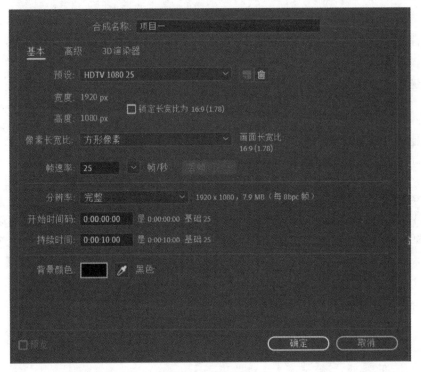

图 2-2　合成设置

需要注意以下问题：

（1）只需将"预设"设置为 HDTV 1080 25，下面的画面尺寸"宽度""高度"则自动设置为 1 920、1 080，"像素长宽比"自动设置为方形像素，"帧速率"自动设置为 25 帧/s。

（2）0:00:10:00 含义为时:分:秒:帧，帧数达到 25 会自动向前加 1 s，因此这里看不到有 25 出现。

（3）这里"分辨率"可以自定义设置，在后面的节目窗口，根据预览性能需要，可以随时更改，只影响预览时的质量，不影响输出质量。

2. 新建纯色层的方法

执行"图层"→"新建"→"纯色"菜单命令，可以弹出"纯色设置"的对话框，完成纯色层的建立，也可以按快捷键"Ctrl + Y"建立纯色层。

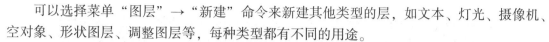
可以选择菜单"图层"→"新建"命令来新建其他类型的层,如文本、灯光、摄像机、空对象、形状图层、调整图层等,每种类型都有不同的用途。

3. 为图层创建效果

可以执行"效果"→"生成"→"梯度渐变"菜单命令。

"梯度渐变"效果是两个颜色之间的过渡,渐变形状有径向渐变和线性渐变两种,结合起始、结束的颜色及位置调整可以做出很多种渐变效果,作为背景十分常用。另外,"生成"里的"四色渐变"能控制四个颜色的过渡,变化更为丰富。

任务实施

步骤1:新建合成

启动 After Effects,在"快速启动"面板单击██按钮,在弹出的"合成设置"面板中将"合成名称"改为"项目一","预设"设置为 HDTV 1080 25,单击"确定"按钮,如图 2-3 所示。

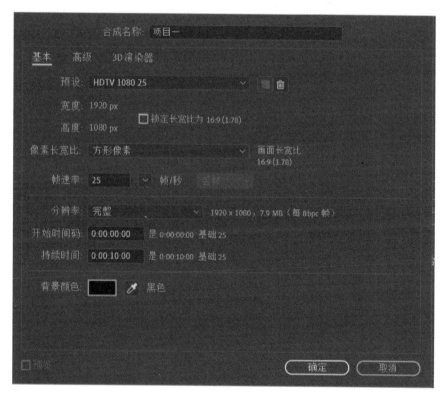

图 2-3　合成设置

步骤2:创建颜色层

在"时间轴"面板空白处右击,在弹出的快捷菜单中选择"新建"→"纯色"命令,如图 2-4 所示。

按快捷键"Ctrl + Y",新建一个纯色层,将名称改为"背景",单击"确定"按钮,如图 2-5 所示。

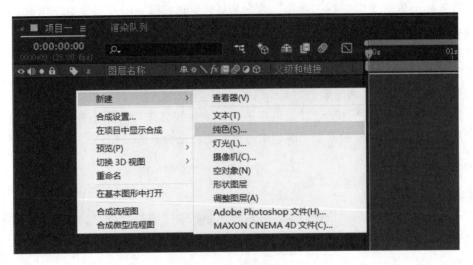

图 2-4 新建纯色层

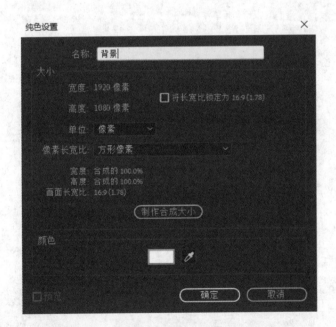

图 2-5 纯色层设置

步骤3：制作渐变效果

在"背景"层右击，执行"效果"→"生成"→"梯度渐变"菜单命令，即可添加梯度渐变效果，如图2-6所示。

选中"背景"层，按"F3"键，打开"效果控件背景"面板，调整"渐变起点""起始颜色""渐变终点""结束颜色"，并将"渐变形状"改为"径向渐变"，如图2-7所示。

起始颜色如图2-8所示。

结束颜色如图2-9所示。

这样可以得到一个中间到边缘由亮到灰的背景，如图2-10所示。

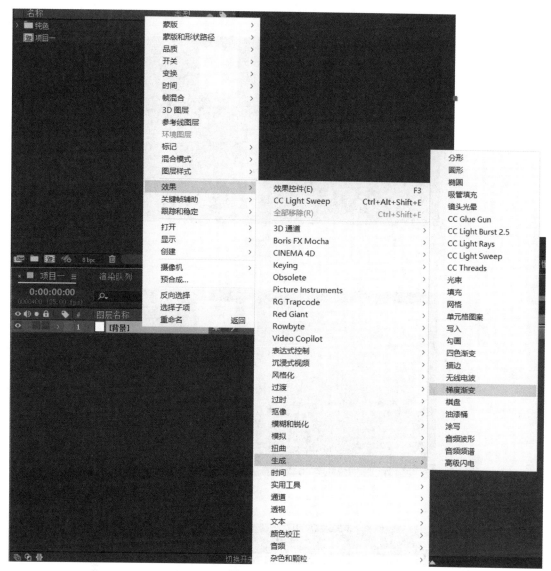

图 2－6　新建效果

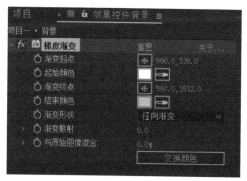

图 2－7　梯度渐变效果控件

图 2-8 起始颜色

图 2-9 结束颜色

图 2-10 合成画面

任务二 添加辅助元素光斑和小粒子，丰富背景

知识链接

导入素材的方法：

执行"文件"→"导入"→"文件"菜单命令，也可以在"项目"面板上右击，选择"导入"→"文件"，或者按快捷键"Ctrl + I"，弹出"导入素材"的对话框，如图 2 – 11 所示。

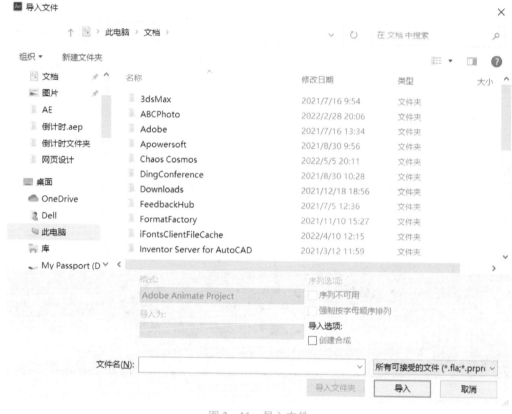

图 2 – 11 导入文件

After Effects 可导入的素材类型常见有：

图片类：PNG、JPG、BMP、TGA、PSD 等。

视频类：MOV、MP4、AVI、WMA 等。

音频类：MP3、WAV。

任务实施

步骤 1：导入视频素材

右击"项目"面板空白处或按快捷键"Ctrl + I"，打开"导入文件"面板，选择素材中的"大光斑.mov""小粒子.mov"，导入"项目"面板，如图 2 – 12 所示。

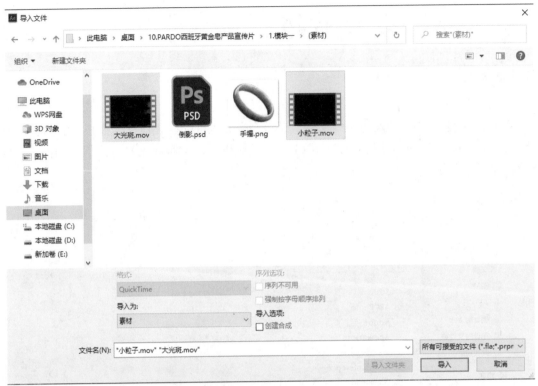

图 2 – 12　导入素材

步骤 2：修改素材图层叠加模式

将"项目"面板中的"大光斑.mov"素材拖曳到时间轴面板里，如图 2 – 13 所示。

图 2 – 13　时间轴面板

按"空格"键预览动画，观察"合成"窗口，如图 2 – 14 所示。

此时大光斑层有黑底，并且遮挡住"背景"层，那么如何将大光斑去掉黑底后再合成到"背景"里呢？

在"时间轴"面板找到"模式"，将"大光斑"层模式改为"相加"，如图 2 – 15 所示。

观察"合成"窗口，如图 2 – 16 所示。

步骤 3：加上小粒子素材

进一步丰富背景，将"小粒子.mov"拖曳到"时间轴"面板，同上，更改其图层"模式"为"相加"，去掉黑底，按"空格键"预览效果，这时背景有大的光斑和小的粒子，更丰富，如图 2 – 17 和图 2 – 18 所示。

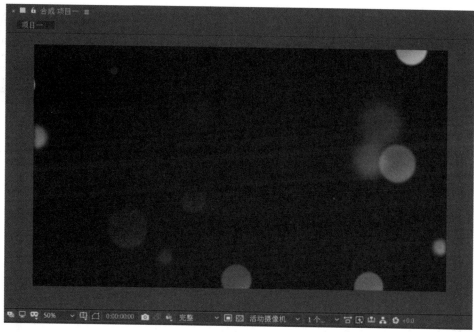

图 2-14　合成画面

图 2-15　图层模式

图 2-16　合成画面

图 2-17 时间轴面板

图 2-18 合成画面

任务三　制作 LOGO 缩放动画

知 识 链 接

（1）修改图层的变换属性，在"时间轴"面板中打开对应图层前面的小三角，打开
"变换"属性，输入相应变换参数，如图 2-19 所示。

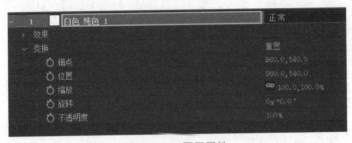

图 2-19 图层属性

图层变换的"锚点""位置""缩放""旋转""不透明度"各属性可单独显示（提高面
板的利用率），快捷键分别对应为 A、P、S、R、T。

（2）缩放动画制作方法：单击"缩放"前的关键帧记录器 ，可记录不同时间缩放的参数，形成动画。

①图层属性关键帧也可以单独显示，以提高效率，快捷键为"U"。

②将时间指示器快速到达上个关键帧快捷键为"J"，快速到达下个关键帧快捷键为"K"。

③再单击 ◆ 或按"Delete"键，可删除当前关键帧。再单击 ⏱，可删除该属性所有关键帧。注意二者的区别。

（3）调整图像的亮度，选择图层，执行"效果"→"颜色校正"→"曲线"菜单命令。

"曲线工具"斜线中间以上的部分控制图像的亮部，中间以下的部分控制暗部，"曲线"效果不但能影响颜色明暗，还能影响色相、饱和度，是非常重要的易用调色工具。

任务实施

步骤 1：加入 LOGO，并二次构图

（1）按快捷键"Ctrl + I"导入"手镯 . png""倒影 . psd"，并将其拖曳到"时间轴"面板。

（2）展开"手镯 . png"层的"变换"属性，将其"位置""缩放"调整为"961,358""-25,25"，位置、大小合适，构图到位，如图 2 - 20 和图 2 - 21 所示。

图 2 - 20　图层属性

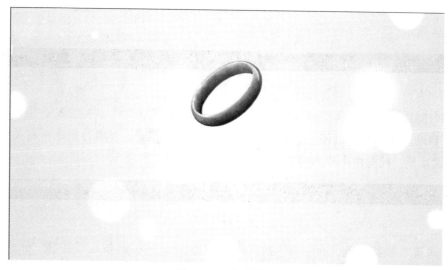

图 2 - 21　合成画面

（3）将"倒影.psd"移至"手镯.png"下层，展开"倒影.psd"层的"变换"属性，将其"位置""缩放"分别调整为"928,435""58,58"，如图 2-22 和图 2-23 所示。

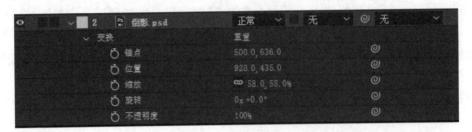

图 2-22　图层属性

图 2-23　合成画面

步骤 2：制作缩放动画

将时间指示器移动到"0"帧，单击"缩放"前的关键帧记录器 ⏱，创建一个关键帧，如图 2-24 所示。

图 2-24　缩放属性（1）

再将时间指示器移动到"03:14"帧，修改"缩放"数值为"-32,32"，当前时间指示器下即可自动生成一个关键帧。注意，此时不能再单击 ⏱，否则会删除所有关键帧。按"空格"键预览，此时由小变大的动画慢慢产生，如图 2-25 所示。

图 2-25　缩放属性（2）

将时间指示器移动到"00:00"帧，将"倒影.psd"层链接至"手镯.png"层，使"手镯.png"层作为"倒影.psd"层的父级，如图 2-26 所示。

图 2-26 父子级设置

步骤3：调亮 LOGO

此时 LOGO 在画面中显得有点暗，需将其调亮。右击"手镯.png"层，弹出菜单，选择"效果"→"颜色校正"→"曲线"命令，为其添加曲线效果，如图 2-27 所示。

图 2-27 曲线效果设置

按"F3"键打开"效果控件"面板，调整"曲线"参数，单击斜线中间靠上的位置（自动添加一个定位点），并按住稍微向上拖动，观察 LOGO 变亮，曲线调整如图 2-28 和图 2-29 所示。并以此步骤调整倒影部分，将其调亮，如图 2-30 和图 2-31 所示。

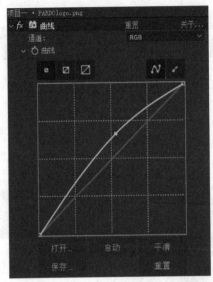

图 2 - 28　曲线效果控件面板

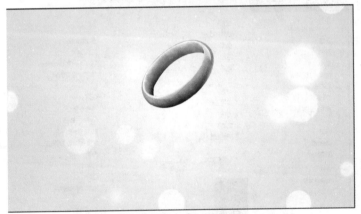

图 2 - 29　合成画面

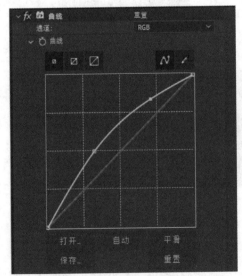

图 2 - 30　曲线效果控件面板

图 2 - 31　合成画面

　　此时 LOGO 倒影部分颜色不饱和，过于暗淡，右击"倒影 . psd"层，弹出菜单，选择"效果"→"颜色校正"→"色相/饱和度"，如图 2 - 32 所示。

图 2 - 32　选择"色相/饱和度"

按 "F3" 键打开 "效果控件" 面板，调整 "色相/饱和度" 参数，单击 "主色相"，将数值改为 "0x + 27°"（也可用鼠标单击数值左右移动鼠标或单击并转动圆内角度实现），如图 2 – 33 和图 2 – 34 所示。

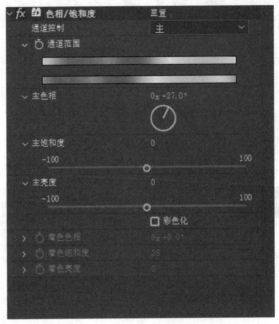

图 2 – 33　色相/饱和度效果控件

图 2 – 34　合成画面（3）

任务四　制作 LOGO 划光动画

知识链接

（1）划光效果的制作：选中相应图层，右击，在弹出的菜单中，执行 "效果" → "生成" → "CC Light Sweep" 菜单命令。

要模拟一束光划过 LOGO 或一个物体，也有其他方法，但 CC Light Sweep 最为简单且效果逼真，要掌握住。以后在自己的作品里多使用。

（2）After Effects 效果里部分没有中文版，可以借助翻译工具查明白英文的意思，慢慢积累，一些常用英文就会掌握住，以后会慢慢发现英文版有很多好处。

任务实施

步骤 1：添加 CC Light Sweep 效果

选中"手镯.png"层，右击，在弹出的菜单中选择"效果"→"生成"→"CC Light Sweep"命令，添加划光效果，如图 2-35 所示。

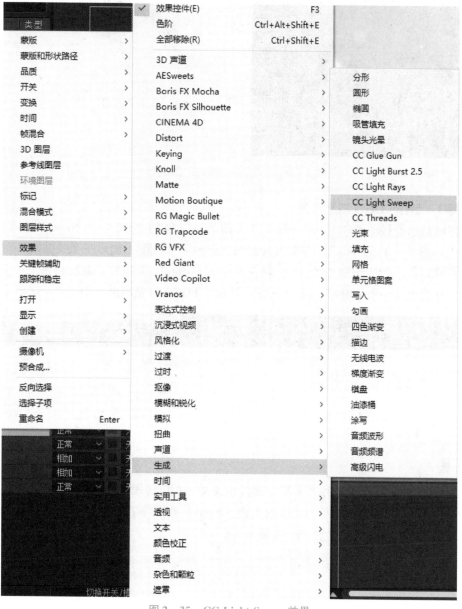

图 2-35　CC Light Sweep 效果

步骤2：调整 CC Light Sweep 效果参数，使之看起来是一束光

在"效果控件"面板里调整"CC Light Sweep"参数，主要调整"Center"（中心）、"Direction"（方向）、"Sweep Intensity"（划光强度）、"Light Color"（颜色），如图2－36所示。

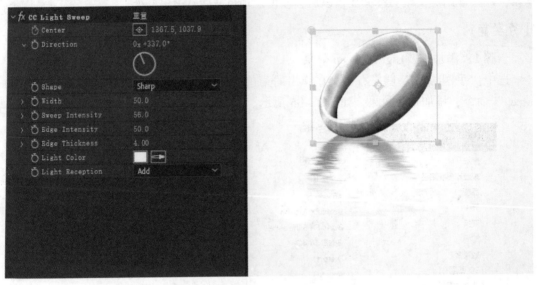

图 2－36　CC Light Sweep 效果控件

步骤3：制作 LOGO 划光动画

将时间指示器移动到"0"帧，展开"手镯.png"层的"CC Light Sweep"参数，调整"Center"参数为"1856,963"，并单击其前的关键帧记录器，创建一个关键帧。

再将时间指示器移动到"02：05"帧，调整"Center"参数为"442,1179"，当前时间位置即可自动生成一个关键帧，按"空格"键预览 LOGO 划光动画，如图2－37所示。

图 2－37　CC Light Sweep 关键帧

任务五　添加"HE TIAN BI YU SHOU ZHUO"和田碧玉手镯文字并制作动画

知识链接

（1）创建文字后，可利用"字符"面板修改文字相应的属性。

（2）字体颜色也可以参考 LOGO 的主色，可用右侧"字符"里的吸管工具吸取 LOGO 上的主题色，这也是一种配色技巧，需要掌握。

任务实施

步骤1：创建文字

选择工具栏里的横排文字工具 **T**，在合成窗口单击，输入"HE TIAN BI YU SHOU ZHUO"，在右侧的"字符"面板设置其"字体"为微软雅黑,"颜色"为翠绿色,也就是 LOGO 的主色,可用"字符"里的吸管工具 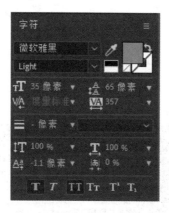 吸取 LOGO 上的主题色,调节字体大小及字间距,如图 2-38 和图 2-39 所示。

图 2-38　"字符"面板

图 2-39　调色板

在"段落"面板里选择居中,如图 2-40 所示。

步骤 2:字体构图

展开"和田碧玉手镯"文字层的"变换"属性,将"位置"设置为"978,738",如图 2-41 所示。

图 2-40　"段落"面板

步骤 3:制作字符间距动画

在文字层属性下单击"文本"右侧的 动画:● ,选择"字符间距",如图 2-42 所示。

将时间指示器移到"0"帧,将该层属性的"动画制作工具 1"的"字符间距大小"改为"2",并创建关键帧。然后将时间指示器移到"03:14"帧,修改"字符间距大小"为"9",按"空格"键预览字符间距动画,如图 2-43 和图 2-44 所示。

图 2 - 41　画面构图

图 2 - 42　文本动画器

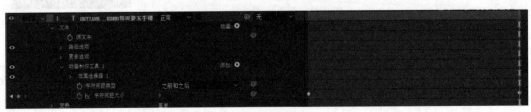

图 2 - 43　字符间距关键帧动画

图 2 - 44　合成画面

任务六　整理模块一的各图层

知识链接

（1）全选：执行"编辑"→"全选"菜单命令，也可以按快捷键"Ctrl + A"。

（2）修剪图层入点/出点的方法：

按快捷键"Alt + ["，将时间指示器所在位置修剪为图层的入点；按快捷键"Alt +]"，将时间指示器所在位置修剪为图层的出点。也可以直接拖曳图层块的两侧。

任务实施

步骤：整理图层

将时间指示器移到"03：14"帧，框选全部图层或按快捷键"Ctrl + A"选中所有图层，然后按"Alt +]"键修剪图层，使各图层出点在"03：14"帧处，如图 2 - 45 所示。

图 2 - 45　时间线面板

项目扩展

课后练习：蓝白色极简文字展示

效果示意如图 2 - 46 所示。

图 2-46　素材画面

主要步骤：

(1) 导入素材背景，将素材拖曳到时间线面板。

(2) 使用文字工具输入文字，调节字体、字号，制作文字缩放动画。

(3) 找其他粒子素材并丰富背景效果。

(4) 利用 CC Light Sweep 制作文字的划光动画。

项目名称	任务内容
任务讨论	本任务主要讲解 LOGO 及文字动画的制作，并能举一反三，制作其他形式的开场动画。同时，讲解了渐变背景的制作、粒子的合成技术。
知识链接	1. 快捷键： 缩放"S"、位置"P"、不透明度"T"、调出所有关键帧"U"。 2. 图层叠加模式。 3. CC Light Sweep 动画效果。 4. 文本 – 字符间距动画。
任务要求	1. 熟练掌握快捷键的使用。 2. 学会并熟练运用图层叠加模式制作视频。 3. 掌握添加效果的方法。 4. 掌握文本动画的制作。
任务实现	步骤 1：学会制作动画效果。 步骤 2：制作完整的视频。
任务总结	通过完成上述任务，你学到了哪些知识和技能？
课后思考	After Effects CC 还可以做出什么样的动画？
课堂笔记	

项目三
制作"为千百万女性甄选"动画

能力目标

1. 掌握圆角矩形的创建及编辑。
2. 掌握复杂关键帧动画的制作。
3. 掌握保留基础透明度的应用。

素养目标

1. 通过练习关键帧动画，培养勤于思考的能力，提高自学能力。
2. 通过练习此项目，养成清晰的逻辑思考能力，提高审美能力。

项目分析

此项目为和田碧玉手镯产品宣传片的千百万女性选择模特画面表现部分，依然采用了高级灰的亮色调。时尚模特画面模拟巨幅 LED 拼接屏展示效果，再结合快节奏闪动，表达了产品灵动、高雅的特点。

文案为"为千百万女性甄选"，画面风格要时尚、灵动、大气，选择了模拟巨幅 LED 拼接屏展示模特效果，模特画面选择时尚女性，色调仍然为亮色调，动画模拟有节奏的闪动。效果如图 3–1~图 3–3 所示。

图 3–1　合成画面（1）

图 3-2 合成画面 (2)

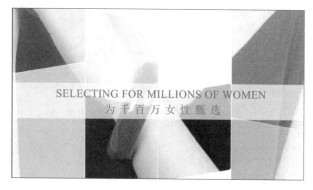

图 3-3 合成画面 (3)

项目实战

任务一 制作 3 个圆角矩形

知识链接

（1）使用工具栏中的形状工具创建圆角矩形，可利用时间轴面板中路径的相应参数进行形状的编辑，如图 3-4 所示。

（2）此形状工具栏下还有很多工具，如图 3-5 所示，每种工具都有相应的属性设置，利用这些设置可以创建出很多精巧形状，实用方便，可以逐个学习并掌握其操作技巧。

图 3-4 形状图层

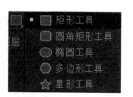

图 3-5 形状工具

任务实施

步骤 1：新建合成

执行"合成"→"新建合成"菜单命令，新建"方块 1"合成，设置"宽度""高度"分别为 500、650。如图 3 - 6 所示。

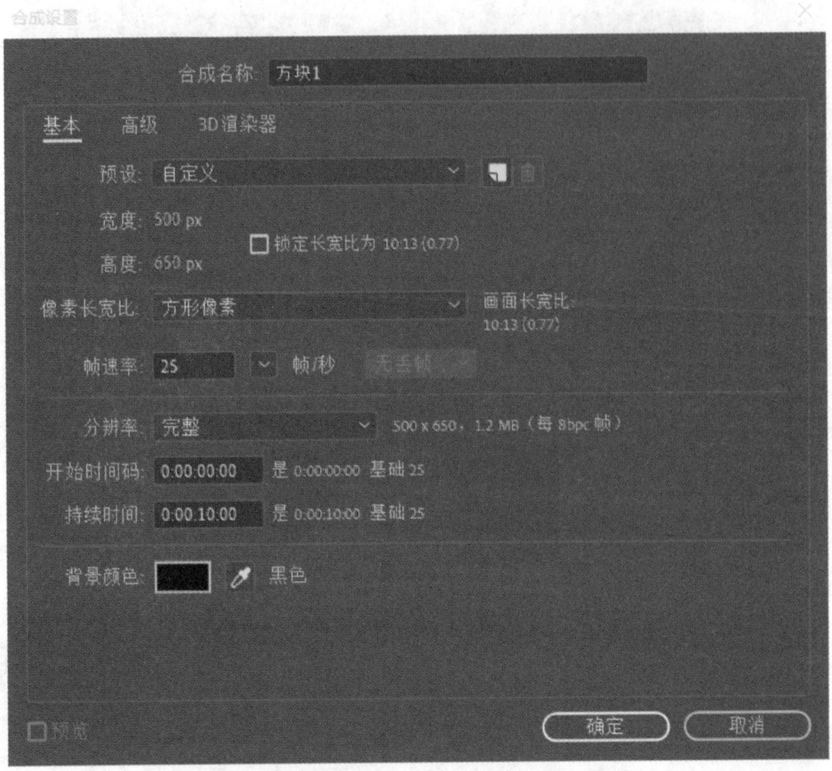

图 3 - 6　合成设置

步骤 2：利用形状工具创建圆角矩形

选择工具栏里的圆角矩形工具，工具设置如图 3 - 7 所示。

图 3 - 7　工具栏

填充白色，设置如图 3 - 8 所示。

图 3 - 8　填充面板

注意，不要勾选贝塞尔曲线路径，否则，创建的是自由路径，没有圆角矩形的属性。在合成窗口绘制矩形，如图 3-9 所示。

图 3-9　绘制矩形

然后在"时间轴"面板展开"形状图层 1"里的"矩形路径 1"属性，将"圆度"改为 16，如图 3-10 所示。

在"矩形路径 1"上右击，执行"转换为贝塞尔曲线路径"，如图 3-11 所示。

图 3-10　形状图层属性

图 3-11　贝塞尔曲线

这时"矩形路径 1"变为"路径 1"，如图 3-12 所示。

图 3-12　形状图层属性

　　将其选中（注意，这里要选择"路径 1"，否则后面会选不上路径点），然后切换到选取工具，在合成窗口框选右侧的路径点，调整成如图 3－13 所示形状。

图 3－13　矩形变换

　　用同样的方法，新建方块 2 合成，"宽度""高度"分别为"490,1130"，制作圆角矩形。注意这两个合成制作的圆角矩形宽度和斜度要一致，最后要拼在一起。在这里可以复制方块 1 合成的形状图层 1 到方块 2 合成，如图 3－14 所示。

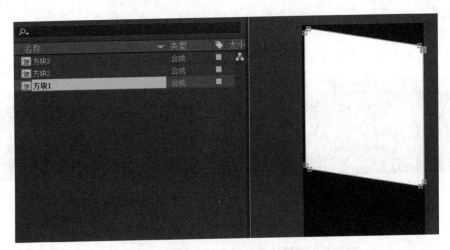

图 3－14　合成画面

　　选中路径 1 后，再在视图框选圆角下部的 4 个点，如图 3－15 所示。

　　鼠标拖动，移动时按住 Shift 键竖直向下，可以保证宽度和斜度一致，如图 3－16 所示。

　　按快捷键"Ctrl＋N"新建合成，命名为"方块 3"，"宽度""高度"分别为"490，810"，用同法制作圆角矩形，如图 3－17 所示。

图 3 – 15 矩形变换（1）　　图 3 – 16 矩形变换（2）　　图 3 – 17 矩形变换（3）

任务二　拼图

知识链接

（1）合成层可以作为素材被编辑使用，一个合成层在项目管理面板中可多次复制，复制出来的每个合成层里的素材可单独修改，互不影响，是独立个体。

（2）在时间轴面板中多次复制一个合成层，复制出来的各层本质上是一体的，修改其中一个合成层里的素材，其他层也会一并修改。

弄清楚这一点很重要，在什么情况下使用何种方法，要根据制作需要灵活运用。

任务实施

步骤 1：

新建"单人 1"合成，如图 3 – 18 所示。

步骤 2：

将合成方块 1、方块 2 拖入"时间轴"面板，并将其层变换的"缩放"约束比例 取消勾选，把数值"100,100"改为"–100,100"水平翻转，然后调整其位置，方块 1 在上，如图 3 – 19 和图 3 – 20 所示。

想要制作图像翻转的效果，可通过修改缩放的参数实现，水平翻转可将 X 轴向改为 –100，垂直翻转可将 Y 轴向改为 –100。

步骤 3：

将合成方块 1、方块 3 从"项目"面板中拖入时间轴面板，然后调整其位置，方块 1 在上，如图 3 – 21 和图 3 – 22 所示。

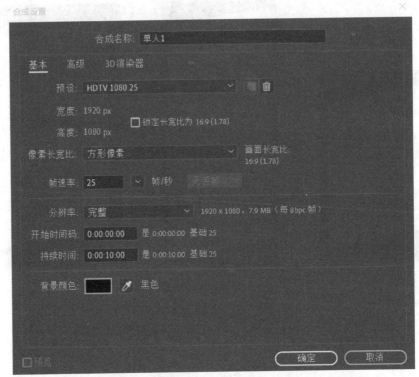

图 3 – 18 合成设置

图 3 – 19 图层属性

图 3 – 20 合成画面

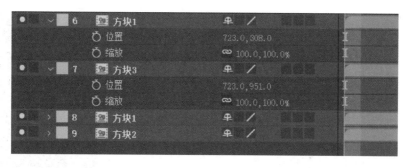

图 3 - 21　图层属性

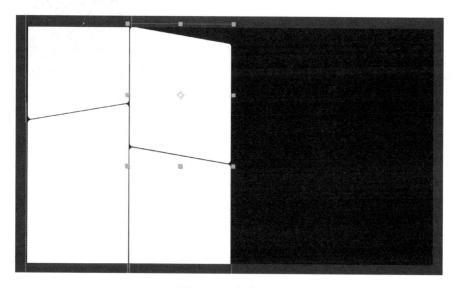

图 3 - 22　合成画面

步骤 4：

选中方块 1、方块 2 层，按快捷键"Ctrl + D"将其复制，调整其位置，方块 2 在上，如图 3 - 23 和图 3 - 24 所示。

图 3 - 23　图层属性

步骤 5：

将合成方块 2、方块 3 从"项目"面板中拖入时间轴面板，然后调整其位置，方块 2 在上，如图 3 - 25 和图 3 - 26 所示。

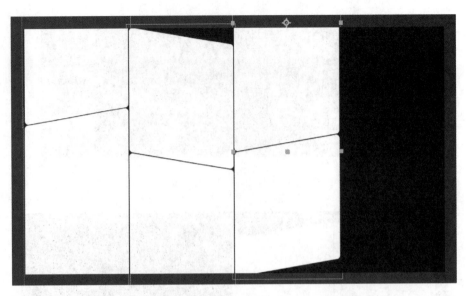

图 3 - 24 合成画面

图 3 - 25 图层属性

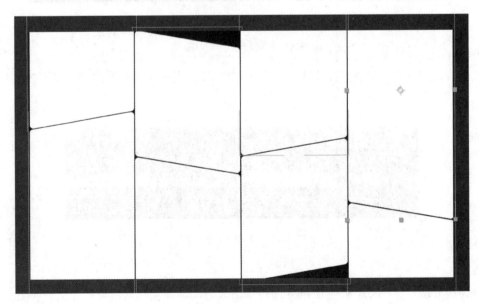

图 3 - 26 合成画面

任务三 制作方块透明度动画

知识链接

（1）制作图层的透明度动画：可以在"时间轴"面板选择该图层，按"T"键打开图层的透明度属性，记录关键帧，记录后通过复制（Ctrl + C）粘贴（Ctrl + V）的方法将透明度关键帧应用给其他图层。

（2）层"变换"下各属性的关键帧可以复制粘贴，After Effects 各个效果下的参数关键帧也可以复制粘贴，可在实际工作中注意运用，提高效率。

任务实施

步骤1：制作一个方块透明度动画

将时间指示器移动到"00:00"帧，把合成层"方块2"的"不透明度"改为"0"并打关键帧，再将时间指示器移动到"00:06"帧，把"不透明度"改为100，再将时间指示器移动到"00:16"帧，把"不透明度"改为"0"，预览，这样得到该层透明度变化动画，如图3 – 27 所示。

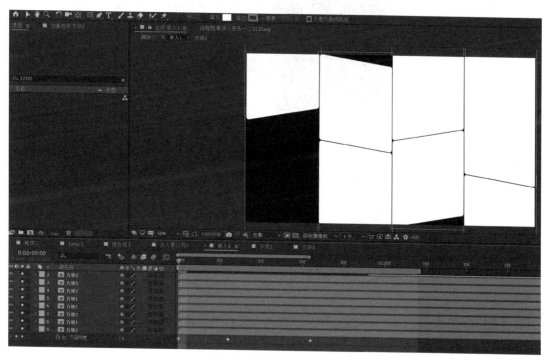

图3 – 27 关键帧制作

步骤2：制作全部方块透明度动画

单击"方块2"变换的"不透明度"，则该属性的所有关键帧即被选中，按快捷键"Ctrl + C"复制，然后选中"方块1"，并移动时间指示器到合适位置后，按快捷键"Ctrl + V"粘贴不透明度关键帧（注意，时间指示器在哪儿，粘贴的第一个关键帧就在哪儿），其他层也这样操作，预览观察，要细心调整，关键帧应粘贴得错落有致，形成随机感觉，如图 3 – 28 和图 3 – 29 所示。

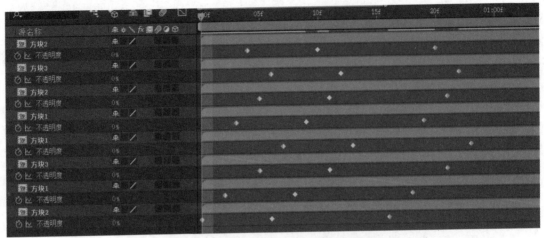

图 3 – 28　关键帧制作

图 3 – 29　合成画面

任务四　制作 4 组单人闪动动画

知识链接

单击"保留基础透明度"图标 ，可以实现读取下面图层的 Alpha 信息，虽然也有其他方法制作这种效果，但都没有"保留基础透明度"高效易用，这种方式要掌握。

任务实施

步骤 1：导入模特，并启"保留基础透明度"

按快捷键"Ctrl + I"，导入"单人第一个 . jpg"，拖到合成"单人 1"的时间轴面板顶端位置，单击该层的"保留基础透明度"图标，这样该层的透明度会受到下面所有层的透明度的影响，从而产生动画，预览效果，如图 3 – 30 和图 3 – 31 所示。

图 3 – 30　保留基础透明度

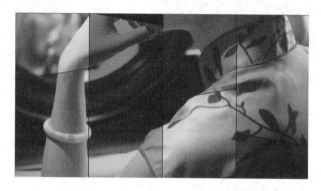

图 3 – 31　合成画面

步骤 2：制作三个模特动画

同样，建立合成"单人 2""单人 3""单人 4"，制作方块的透明度随机动画。再导入"单人第二个 . jpg""单人第三个 . jpg""单人第四个 . jpg"，分别拖入，开启各层的"保留基础透明度"，这一部分要有耐心，不能机械复制，要调整得各有差异性，如图 3 – 32 ~ 图 3 – 34 所示。

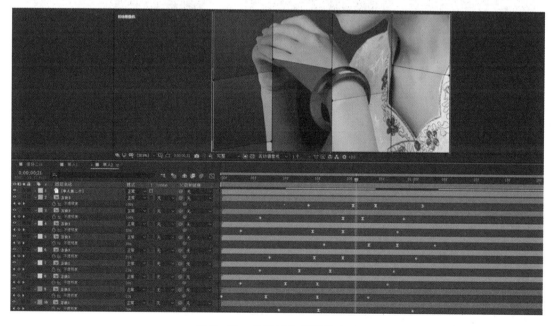

图 3 – 32　关键帧合成画面（1）

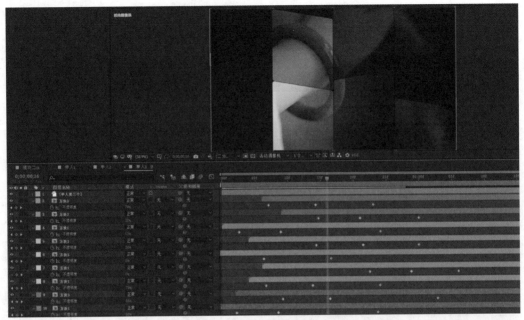

图 3-33 关键帧合成画面 (2)

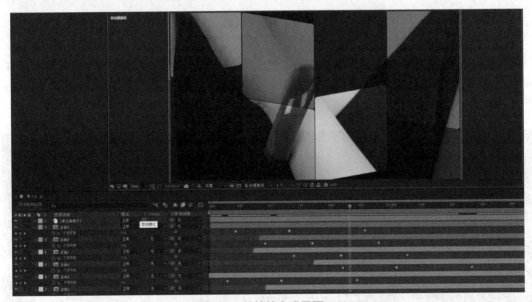

图 3-34 关键帧合成画面 (3)

任务五 整合 4 个合成动画

知识链接

常用快捷键如下。

设置图层入点：[　　　　　　　　设置图层出点：]

跳到图层入点：I 　　　　　　　　跳到图层出点：O

拆分图层：Ctrl + Shift + D

掌握常用的快捷键，可以在工作中帮助我们提高工作效率。

任务实施

步骤 1：新建合成并将四层单人模特拖入

执行"合成"→"新建合成"菜单命令，命名为"模块二"，如图 3 – 35 所示。

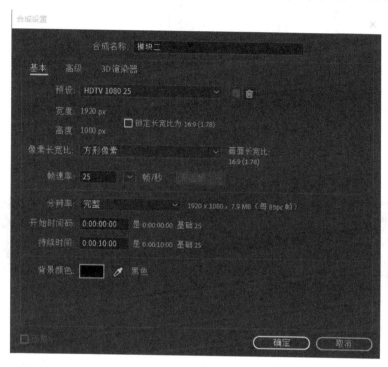

图 3 – 35　合成设置

将项目面板中的合成"单人 1""单人 2""单人 3""单人 4"拖到其中，将时间指示器移动到 2 s 的位置，框选这四个合成层，按快捷键"Alt +]"，将四层裁切，如图 3 – 36 所示。

图 3 – 36　时间线剪切

步骤 2：新建颜色层

按快捷键"Ctrl + Y"，或在"时间轴"面板空白处右击，在弹出的快捷菜单中选择"新建"→"纯色"命令，如图 3 – 37 所示。

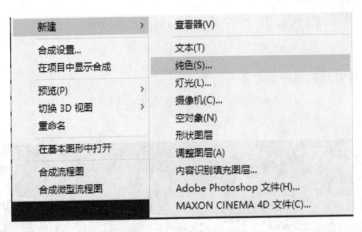

图 3 – 37 新建纯色层

将其拖曳到时间轴面板最下层，作为背景，如图 3 – 38 所示。

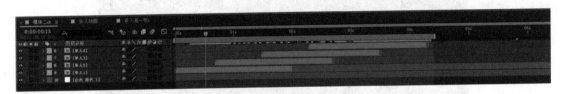

图 3 – 38 时间轴面板（1）

步骤 3：排列合成层在时间指示器上的位置

移动时间指示器到"00:17"处，选中合成层"单人2"，按快捷键" ["，该层的起点就会对准到此，再将时间指示器移到"01:12"处，同法将合成层"单人3"的起点移动到此，再将时间指示器移到"02:07"处，将合成层"单人4"的起点移动到此，预览动画，如图 3 – 39 所示。

图 3 – 39 时间轴面板（2）

项目扩展

课后练习：时尚电感电子相册转场

效果示意如图 3 – 40 所示。

图 3 - 40　素材画面

主要步骤：

（1）利用保留基础透明度制作正方形的透明动画。

（2）利用形状工具创建不同的形状并进行编辑。

（3）根据需求添加背景粒子、文字效果。

项目名称	任务内容
任务讨论	本任务主要讲解圆角矩形的创建及编辑、复杂的关键帧动画的制作、保留基础透明度的应用。
知识链接	1. 此形状工具栏下还有很多工具，每种工具都有相应的属性设置。 2. 合成层可以作为素材被编辑使用，一个合成层在项目管理面板可多次复制，复制出来的每个合成层里的素材可单独修改，互不影响，是独立个体。 3. 在时间轴面板多次复制一个合成层，复制出来的各层本质上是一体的，修改其中一个合成层里的素材，其他层也会一并修改。 4. 制作图层的不透明度动画：可以在"时间轴"面板选择该图层，按"T"键打开图层的透明度属性，记录关键帧，记录后通过复制（Ctrl + C）粘贴（Ctrl + V）的方法将透明度关键帧应用给其他图层。 5. 层"变换"下各属性的关键帧可以复制粘贴，After Effects 各个效果下的参数关键帧也可以复制粘贴，可在实际工作中注意运用，提高效率。 6. 单击"保留基础透明度"图标████，可以实现读取下面图层的 Alpha 信息。虽然也有其他方法制作这种效果，但都没有"保留基础透明度"高效易用，这种方式要掌握。 7. 常用快捷键： 设置图层入点：〔 设置图层出点：〕
任务要求	1. 熟练掌握图形工具绘制方法。 2. 掌握保留基础透明度的应用。
任务实现	
任务总结	通过完成上述任务，你学到了哪些知识和技能？
课后思考	
课堂笔记	

项目 四

制作多人滑动动画

能力目标

1. 掌握图层遮罩的设置及应用。
2. 掌握图层父子关系的应用。
3. 掌握表达式驱动动画的应用。
4. 掌握复杂动画的调整方法。

素养目标

1. 通过练习图层遮罩和图层父子关系，养成严谨的学习态度。
2. 通过练习表达式动画和复杂动画，提高逻辑思考能力和自学能力。

项目分析

此项目为和田碧玉手镯宣传片的千百万女性选择很多模特密集画面表现部分，主要是大量女性画面快速滑动，表达出用户量巨大。

这一部分大量模特出现，并且快速滑动，人多，变换又快，凸显产品用户量大，深受喜欢。在制作上，用传统关键帧来做，重复量大，后期调整快慢也比较烦琐，这里使用滑块表达式来驱动位置动画，集成度高，调整快慢方便。效果如图 4 − 1 和图 4 − 2 所示。

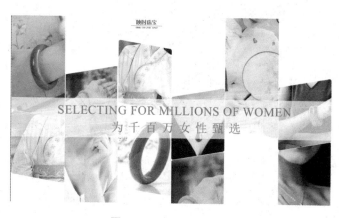

图 4 − 1　合成画面（1）

图 4-2　合成画面（2）

项目实战

任务一　制作第一列多人滑动动画

知识链接

1. 轨道遮罩

After Effects 可以把一个层上方层的图像或影片作为透明用的遮罩。可以使用任何素材片段或静止图像作为轨道遮罩。

可以通过 Alpha 通道或像素的亮度值定义轨道遮罩层的透明度。当轨道遮罩层没有 Alpha 通道时，可以使用亮度值设置透明度。在遮罩层的白色区域可以在叠加中创建防止下面的层从中透过的不透明区域。黑色区域可以创建透明的区域，灰色的可以生成半透明区域。轨道遮罩是很常用的，除了常用的 Alpha 遮罩模式外，还有亮度遮罩。前者利用的是遮罩层的颜色透明信息，后者利用的是颜色的黑白信息，所以，常见的作为遮罩层的图像颜色是黑白的，如图 4-3 所示。

图 4-3　轨道遮罩

2. 父子关系的创建

在 After Effects 中图层间可以建立父子关系，让子级图层跟随父级图层移动，简单方便，提高效率，但是层变换里的"不透明度"是不能被驱动的，这个需要注意，如图 4 – 4 所示。

图 4 – 4　父子级

3. 表达式

After Effects 表达式是 After Effects 内部基于 JavaScript 语言开发的代码，针对 After Effects 里可做动画的属性添加，表达式高效且灵活度很高。After Effects 的表达式大部分情况下不用键盘输入，而是利用属性关联器，如图 4 – 5 所示，连接到需要影响的属性上即可，很方便。

图 4 – 5　滑块控制器

任务实施

步骤 1：复制得到三个合成

在"项目"面板中选中"方块 1""方块 2""方块 3"合成（任选一个），按快捷键"Ctrl + D"进行复制，分别命名为"多人第一列 1""多人第一列 2""多人第一列 3"，如图 4 – 6 所示。

步骤 2：新建合成并添加步骤 1 复制的三个合成

执行"合成"→"新建合成"菜单命令，弹出"合成设置"对话框，修改名称为"多人动画"，并把复制出来的三个合成拖到"时间轴"面板里，如图 4 – 7 和图 4 – 8 所示。

图 4 – 6　素材合成

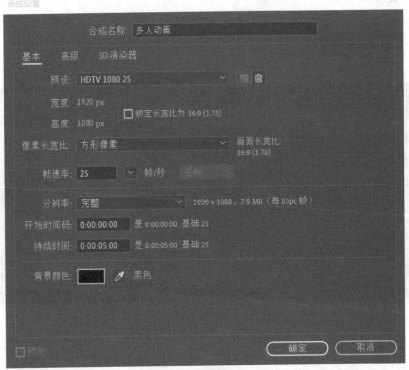

图 4-7　合成设置

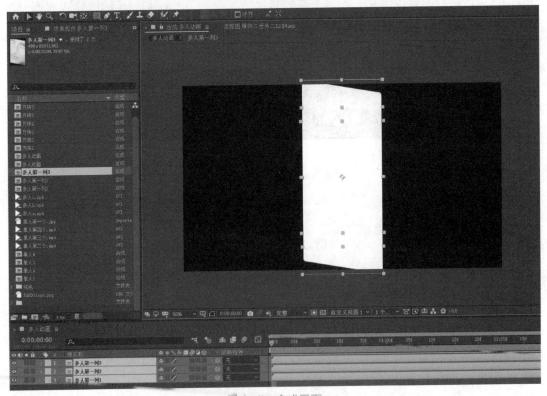

图 4-8　合成画面

步骤 3：修改人物层遮罩设置

双击打开"多人第一列 1"合成，导入素材"多人 a. png"，并将该素材导入"多人第一列 1"合成"时间轴"面板里。注意，要放到"形状图层 1"的下边，把"多人 a. png"的轨道遮罩改为如图 4 –9 所示。同时注意，"形状图层 1"的显示眼睛开关会自动关闭，该层只作为遮罩层使用，不要开启显示。

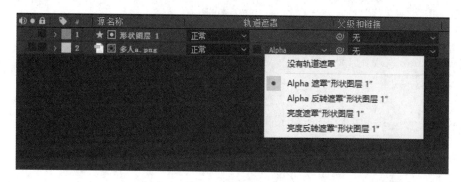

图 4 – 9 轨道遮罩

调整"多人 a. png"的大小和位置，如图 4 – 10 所示。

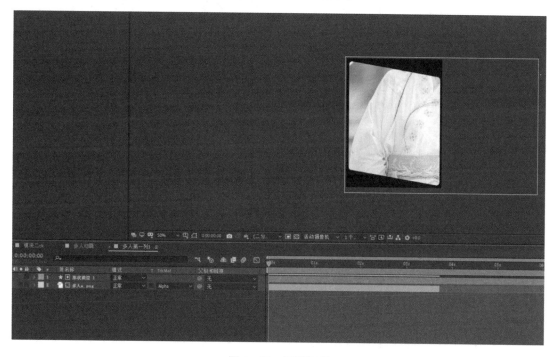

图 4 – 10 画面构图

步骤 4：同法完成其他两个合成

用同样的方法，打开"多人第一列 2""多人第一列 3"合成，导入素材"多人 b. png""多人 c. png"，并将轨道遮罩改为 Alpha 遮罩，调整大小和位置。"多人第一列 2"如图 4 – 11 所示。"多人第一列 3"如图 4 – 12 所示。

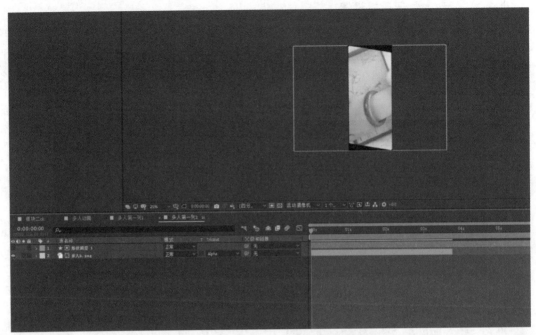

图 4 – 11 "多人第一列 2"合成画面

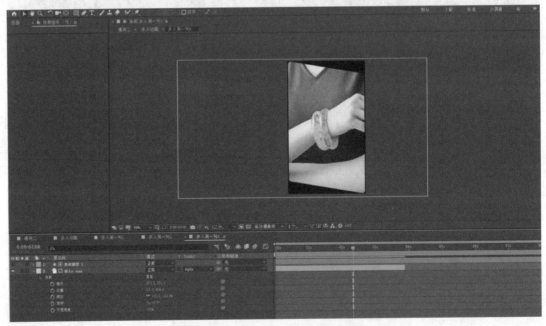

图 4 – 12 "多人第一列 3"合成画面

步骤 5：排好一列

在"多人动画"合成中，按快捷键"Ctrl + D"复制"多人第一列 2"，将复制层模特放到其他模特最上边，排好第一列，对齐，并将上面三层的父级和链接改为"4. 多人第一列1"，只做父层动画即可，如图 4 – 13 所示。

O	🔊	🔒	↑	#	源名称	模式		T TrkMat		父级和链接	
O			>	1	多人第一列3	正常	∨			4.多人第一列1	∨
O			>	2	多人第一列2	正常	∨	无	∨	4.多人第一列1	∨
O			>	3	多人第一列2	正常	∨	无	∨	4.多人第一列1	∨
O			>	4	多人第一列1	正常	∨	无	∨	无	∨

图 4 - 13 复制图层

修改父层"多人第一列 1"的大小和位置，如图 4 - 14 所示。

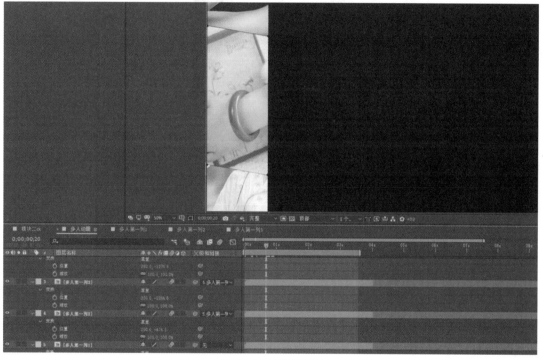

图 4 - 14 画面构图

步骤 6：为空对象层添加滑块表达式

在"时间轴"面板上右击，选择"新建"→"空对象"命令，如图 4 - 15 所示。

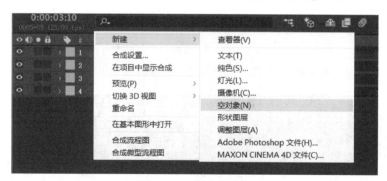

图 4 - 15 新建空对象

为空对象层添加表达式滑块控制效果，如图 4 - 16 所示，修改名称为"位置"（按"Enter"键即可改名），右击，选择"效果"→"表达式控制"→"滑块控制"命令，修改名称为"速度"，如图 4 - 17 所示。

图 4-16　滑块控制器

图 4-17　空对象属性设置

空对象层是 After Effects 的特殊层，即什么都不显示，不用关闭显示。其通常作为关系层存在，像这里就是把表达式滑块加在空对象层上。

步骤 7："空 2" 层位置滑块驱动 "多人第一列 1" 层位置

在 "时间轴" 面板选择 "多人第一列 1" 图层，按 "P" 键显示其位置属性，按住 "Alt" 键，在该位置的秒表◉处单击，即可为 "位置" 添加表达式，在英文输入法状态下，表达式输入 [transform. position [0], transform. position [1]], 这里 transform. position [0] 为 X 方向，transform. position [1] 为 Y 方向，把光标放到 position [1] 后，输入 +，然后按住属性关联器◉并拖到 "空 2" 层的效果位置滑块上，则表达式显示为 [transform. position [0], transform. position [1] + thisComp. layer ("空 2"). effect ("位置")("滑块")], 调节 "空 2" 层效果位置滑块的数值，会看到多人第一列图片在上下移动，如图 4-18 所示。

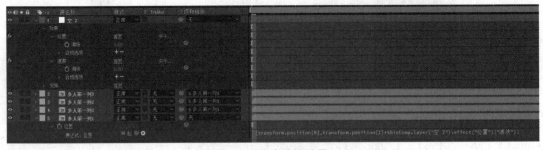

图 4-18　表达式设置

这里"多人第一列1"层的Y向位置受"空2"层的效果位置滑块的数值影响，只用做此数值的关键帧动画就能驱动"多人第一列1"层动画。这里用父子级也能做，但要做速度调整就不如表达式了。

步骤8：制作位置滑块关键帧

按"Home"键将时间指示器放到开头位置，调整效果位置滑块的数值为"–1324"左右，使全部图片在画外上边，并记录关键帧，如图4–19所示。

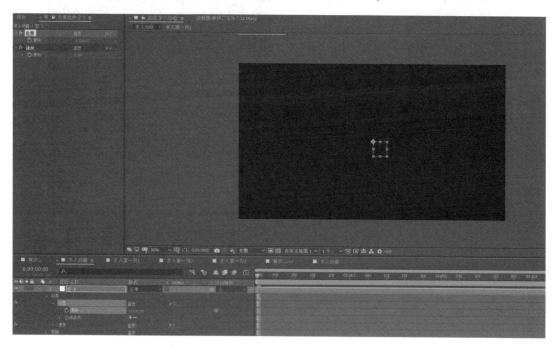

图4–19　滑块关键帧（1）

然后将时间指示器移到"0:00:00:13"帧，修改位置滑块的数值为"–28"左右，使画面移下来，如图4–20所示。

图4–20　滑块关键帧（2）

将时间指示器移到"0:00:01:00"帧，修改位置滑块的数值为"435"左右，使画面再向下移，然后框选后两个关键帧，按"F9"键将其转化为缓动类型，或右击，选择"关键帧辅助"→"缓动"，如图4–21所示。

执行完成后，关键帧变为沙漏形状，如图4–22所示。

步骤9：调整关键帧动画曲率

在"时间轴"面板上打开图表编辑器█，选择编辑速度图表，调整速度曲线，让动画具有快慢节奏，如图4–23所示。

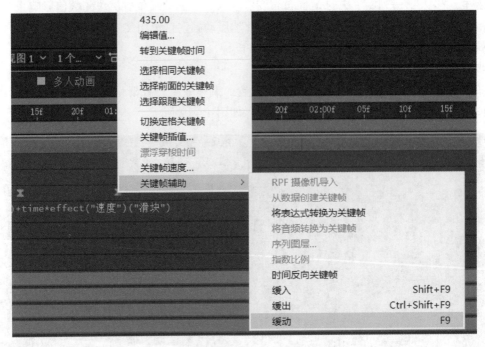

图 4 - 21　关键帧辅助

图 4 - 22　修改关键帧

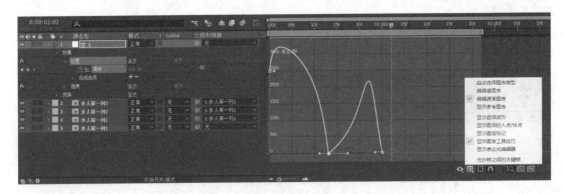

图 4 - 23　调整关键帧动画曲率

步骤 10：继续丰富动画

让图像在最后一个关键帧之后也慢慢运动，添加表达式。按住"Alt"键，单击效果位置滑块的时间变化秒表 滑块，在输入栏 effect("位置")(1)后输入 +，然后单击表达式函数 ⊙，选择"Global"→"time"，如图 4 - 24 所示。

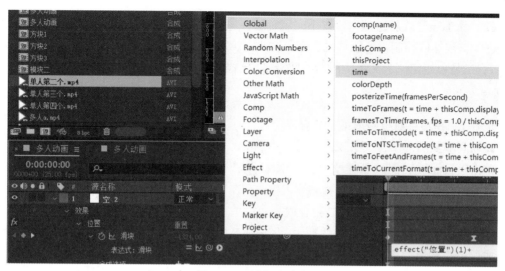

图4-24　增加表达式

在 time 后输入 * 号，然后用属性关联器 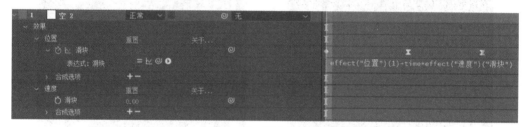关联到速度滑块上，现在表达式如图4-25所示。

图4-25　输入表达式

最后增大速度滑块的数值，图像就会在最后一个关键帧之后仍然移动，这里数值调整为100，预览效果。

任务二　制作第二列多人滑动动画

知识链接

（1）表达式JavaScript语言菜单里还有很多参数，根据功能进行了分类，如图4-26所示。

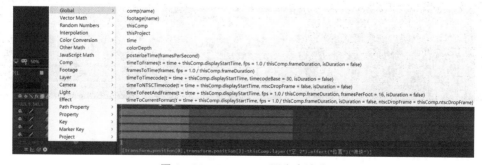

图4-26　JavaScript 语言表达式

（2）添加表达式后，该列位置不一定合适（刚好入画），要调整父级位置，但是父级的位置已经被表达式控制，不能移动，怎么办呢？解决方法：一是移动锚点（锚点上没有关键帧）；二是再指定一个父级，用新的父级来驱动整列。

任务实施

步骤1：在项目面板整理第一列合成

此动画涉及图片及合成层较多，为了不混乱，管理方便，整理一下项目面板。

单击项目面板底部"新建文件夹"图标 ，创建一个文件夹，命名为"多人第一列"（按"Enter"键即可输入名字），并将多人第一列3个合成拖到此文件夹里，如图4-27所示。

步骤2：在项目面板复制第二列合成

选中多人第一列文件夹，按快捷键"Ctrl+D"复制，并改名为"多人第二列"，里面的合成层也改名为"多人第二列1""多人第二列2""多人第二列3"，如图4-28所示。

图4-27 项目面板整理第一列合成 　　　　图4-28 项目面板复制第二列合成

步骤3：排列第二列

把"多人第二列1"合成、"多人第二列2"合成从项目面板拖到多人动画合成里，并指定多人第一列为多人第二列父级，如图4-29所示。

图4-29 时间线排列

调整这两层的大小和位置，多人第一列在上，如图4-30所示。

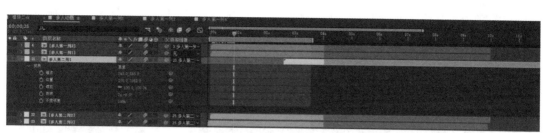

图 4-30　图层排列

步骤 4：更换第二列图片

按快捷键"Ctrl + I"导入"多人 l. png"，双击打开"多人第二列"合成，在"时间轴"面板选中"多人 a. png"，然后在"项目"面板选中"多人 l. png"，按住鼠标的同时按下"Alt"键，拖到时间指示器面板"多人 a. png"层上松开，即可替换，再调整替换后的"多人 l. png"层的大小和位置，如图 4-31 所示。

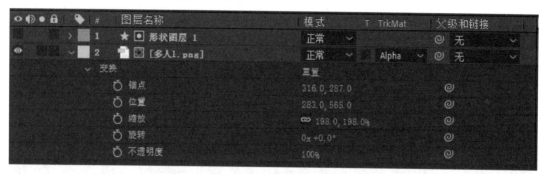

图 4-31　图层属性（1）

打开"多人第二列 2"合成，按照上述步骤用多人 j 替换多人 b，并调整"多人 j. mp4"层的大小和位置，如图 4-32 所示。

图 4-32　图层属性（2）

步骤 5：继续增加第二列图片

在"项目"面板中选中"多人第二列 1"合成，按快捷键"Ctrl + D"复制，如图 4-33所示。

图 4-33　项目面板

— 67 —

把复制后的"多人第二列4"从"项目"面板拖入多人动画"时间轴"面板，接到"多人第二列2"的下面，并调整其大小和位置对齐。同样指定"多人第一列1"为父级，如图4-34所示。

图4-34 父子级设置

导入素材"多人f.mp4"，打开刚加的"多人第二列4"合成，替换其中的"多人f.mp4"，并调整替换后的大小和位置，如图4-35所示。

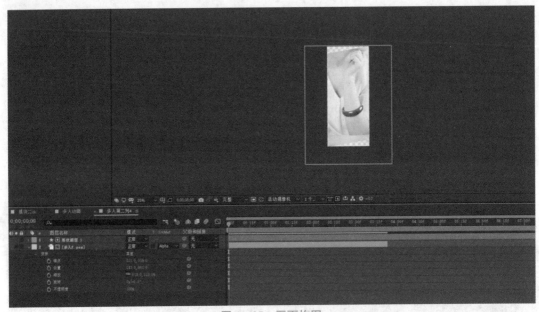

图4-35 画面构图

步骤6：往下继续增加图片

在"项目"面板中选中"多人第二列1"合成，按快捷键"Ctrl + D"复制为"多人第二列5"，如图4-36所示。

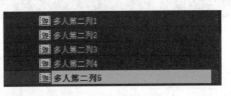

图4-36 项目面板

把复制后的"多人第二列5"从"项目"面板拖入多人动画"时间轴"面板，接到"多人第二列4"的下面，并调整其大小和位置。同样，指定"多人第一列1"为父级，如图4-37所示。

在"项目"面板选中"多人g.mp4"，打开刚加的"多人第二列5"合成，替换其中的"多人f.mp4"，并调整替换后的大小和位置，如图4-38所示。

图 4 - 37　父子级设置

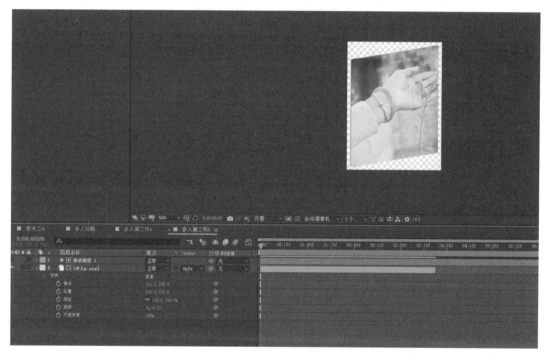

图 4 - 38　合成画面

步骤 7：表达式制作多人第二列动画

在多人动画合成中，按 "P" 键显示 "多人第二列 1" 的位置，按 "Alt" 键的同时单击位置属性为其添加表达式，输入 [transform. position [0], transform. position [1] – thisComp. layer ("空 2"). effect ("位置") ("滑块")]，如图 4 - 39 所示。

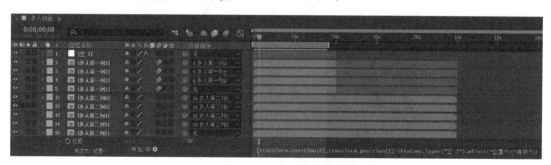

图 4 - 39　添加表达式

将时间指示器移到第 1 帧，按"A"键显示"多人第二列 1"的锚点，调整 Y 向数值为"2137"左右，使多人第二列 1 的图像刚好进画，如图 4 – 40 所示。

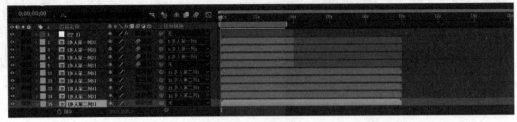

图 4 – 40　时间线

按"空格"键预览动画，完成第二列动画。

向上移动：只需要把"多人第二列"的位置表达式 Y 向上"+"改为"–"，动画就产生了，不需要重新打关键帧，即为 [transform. position [0], transform. position [1] – thisComp. layer("空 2"). effect("位置")("滑块")]。

速度差异性调整：只需要调整"空 2"效果速度滑块数值即可。

任务三　制作其他列多人滑动动画

知识链接

本任务与任务二的制作方法类似，同学们可以举一反三完成制作。

任务实施

同法制作其他 4 列

参考第一列、第二列动画制作方法，再制作其他 4 列，有的要向上移动，有的要向下移动，并且速度也要调整得有差异性，这样动画才会更好看。

注意：

（1）人物五官的构图，取舍得当。

（2）整体动画有上有下，有慢有快，错落有致。

（3）可以在中间列留一个空缺，放入 LOGO 呼应主题。

这部分工作量比较大，要耐心、细心，不打折扣地完成，如图 4 – 41 所示。

图 4 – 41　合成画面

任务四 制作字幕动画

知识链接

文字设置常用快捷键：

设置字体大小：Ctrl + Shift + > / <。

设置行距：Alt + ↑ / ↓

设置所选字符的间距：Alt + → / ←。

任务实施

步骤 1：

打开"模块二"合成，把"多人动画"合成拖到最顶层，整理图层，如图 4 – 42 所示。

图 4 – 42 时间线整理

利用文字制作工具 **T**，创建文字"SELECTING FOR MILLIONS OF WOMEN 为千百万女性甄选"，如图 4 – 43 所示。

图 4 – 43 合成画面

字符、文本颜色设置分别如图 4 – 44、图 4 – 45 所示。

步骤 2：

预览观察，文字在有的画面上不够明显，为了更加明显，在文字层下加一个颜色层。按快捷键"Ctrl + Y"创建白色颜色层，并放在文字层的下边，如图 4 – 46 和图 4 – 47 所示。

步骤 3：

按"S"键显示该白色层的缩放属性，取消其约束比例 🔗，调整 Y 向数值及图层位置、不透明度，如图 4 – 48 所示。

图 4 – 44 "字符" 面板

图 4 – 45 调色板

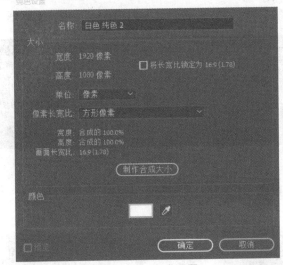

图 4 – 46 合成设置

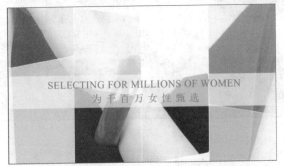

图 4 – 47 合成画面

图 4 – 48 图层属性

步骤4：

制作文字间距动画，找到文字层"文本""动画"，单击选择"字符间距"，如图4-49所示。

图4-49 文本动画

步骤5：

找到"字符间距大小"，如图4-50所示，将时间指示器移到"00:00"处，修改值为"-3"，并记录关键帧，将时间指示器移到"04:09"处，修改值为3，按"空格"键预览文字动画。

图4-50 字符间距关键帧

步骤6：

整理图层，如图4-51所示。

图4-51 时间线图层整理

项目扩展

课后练习：电子相册分屏展示

效果示意如图 4 - 52 所示。

图 4 - 52　素材画面

主要步骤：

（1）分开创建合成，绘制遮罩图形，修改人物层的 Alpha 遮罩设置。

（2）为空对象层添加滑块表达式，制作滑块关键帧。

（3）同法继续制作下一列效果。

（4）根据需求添加背景粒子、文字效果。

项目名称	任务内容
任务讨论	本项目主要讲解图层遮罩的设置及应用、图层父子关系的应用、表达式驱动动画的应用、复杂动画的调整方法。
知识链接	1. 轨道遮罩：After Effects 可以把一个层上方层的图像或影片作为透明用的遮罩。可以使用任何素材片段或静止图像作为轨道遮罩。 　　2. 父子关系的创建：在 After Effects 中，图层间可以建立父子关系，让子级图层跟随父级图层移动，简单方便，提高效率，但是层变换里的"不透明度"是不能被改变的。 　　3. After Effects 表达式是 After Effects 内部基于 JavaScript 语言开发的代码，针对 After Effects 里可做动画的属性添加，表达式高效且灵活度很高。After Effects 的表达式大部分情况下不用键盘输入，而是利用属性关联器。
任务要求	1. 掌握图层遮罩的设置及应用。 　　2. 掌握图层父子关系的应用。 　　3. 掌握表达式驱动动画的应用。 　　4. 掌握复杂动画的调整方法。
任务实现	
任务总结	
课后思考	After Effects CC 的表达式还能做出什么样的效果？
课堂笔记	

项目五

"古典美玉　匠心传承"画面

能力目标

1. 掌握各种素材的常规运动方式。
2. 掌握跑马文字动画制作方法。
3. 掌握辅助素材的合成技巧。

素养目标

1. 掌握素材的常规运动方式，培养清晰的逻辑思考能力。
2. 通过练习跑马文字动画和辅助素材的合成技巧，养成严谨的学习态度，提高自学能力。

项目分析

　　此部分画面色调开始时厚重，有历史感，表达时间穿梭，岁月悠久。本项目主要练习图片的动画效果及文字动画的生成技巧。图片中的内容展示了产品的高端定位，简洁、大方的构图及配色，配合云层的运动效果，给人以舒服的视觉感受。

　　图片内容展示产品特点，画面构图协调，排版简约、大气，符合产品的定位。图片动画配合跑马文字，展示产品的发展历程，效果如图 5-1 所示。

图 5-1　合成画面

项目实战

任务一 新建合成工程并制作背景

知识链接

导入的素材一定要二次构图，大小、位置、色调、速度、节奏等都要根据表达创意进行重新调整处理，不能导进来是什么就是什么。这一点要渗透到制作理念中。

任务实施

步骤1：

按快捷键 "Ctrl + N" 新建合成，修改名称为 "项目三"，"预设" 设置为 HDTV 1080 25，单击 "确定" 按钮，如图5-2所示。

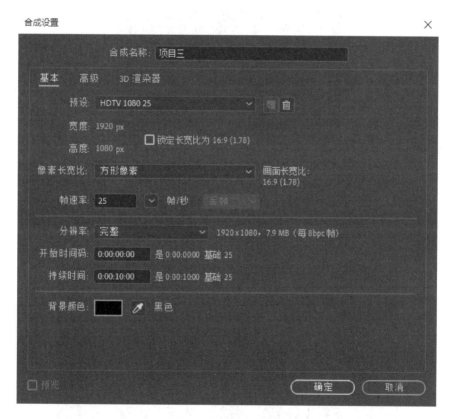

图5-2 合成设置

步骤2：

在 "项目" 窗口空白处右击，选择 "导入" → "文件" 命令或者按快捷键 "Ctrl + I"，如图5-3所示。

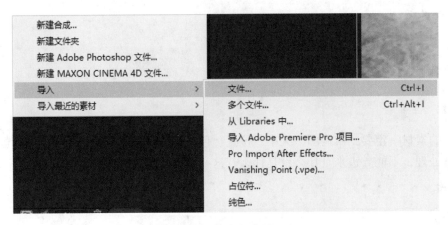

图 5-3 导入素材

导入所有素材文件，单击"确定"按钮，如图 5-4 所示。

图 5-4 项目窗口

步骤 3：调整背景层大小及颜色

选择"背景.jpg"素材，拖动到下方的"时间轴"窗口，按"S"键打开缩放属性，取消约束比例，设置图片的缩放比例为"190,170"，如图 5-5 所示。

图 5-5 图层属性

选中"背景.jpg"层，执行"效果"→"颜色校正"→"色相/饱和度"菜单命令，调整"主饱和度"为"-75"，如图 5-6 所示。

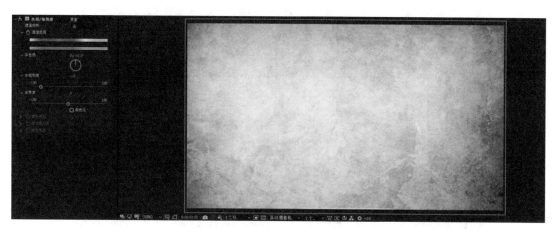

图 5-6 颜色修改

任务二 制作主题图片

知识链接

（1）遮罩不同于蒙版，遮罩是作为一个单独的图层存在的，并且通常是上对下遮挡的关系。

（2）用一个层做轨道遮罩，来保持最后的圆形图像大小一致，是高效的做法。如果不用轨道遮罩，在每个图片上直接画蒙版，再加上图片大小也不一致，则无法保证最后的一致性。这种方法要理解、借鉴运用。

（3）替换素材的方法：按住"Alt"键，从项目窗口拖动素材到时间轴面板的素材上，可直接替换素材，这个方法很高效。

（4）预合成：预合成就是将多个图层合并成一个图层，这样便于非常直观地统一管理、统一添加同一效果；在预合成中的各个图层上可以很方便地进行添加、替换、删除和修改；预合成也可作为一个素材，执行"图层"→"预合成"菜单命令，快捷键为"Ctrl + Shift + C"。

任务实施

步骤1：制作统一的遮罩层

在"时间轴"面板空白处右击，在弹出的快捷菜单中选择"新建"→"纯色"命令，如图5-7所示。

按快捷键"Ctrl + Y"，新建一个颜色层，将名称改为"白边"，单击"确定"按钮，如图5-8所示。

步骤2：

选中"白边"图层，选择上方工具箱中的"椭圆工具"（快捷键为"Q"），按住"Shift"键，保持正圆，在"白边"图层绘制一个圆形蒙版，如图5-9和图5-10所示。

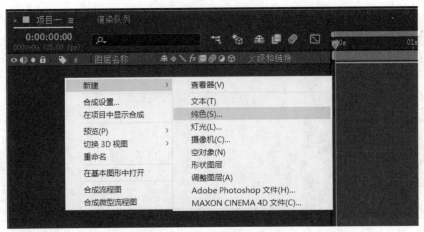

图 5-7 新建纯色层

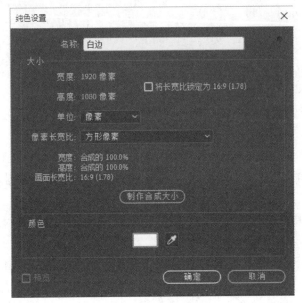

图 5-8 合成设置

图 5-9 形状工具

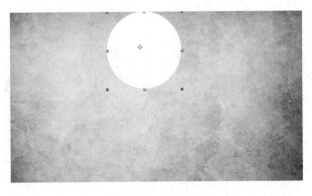

图 5-10 合成画面

步骤3：复制一层做遮罩层

选中"白边"图层，再复制一层，选中复制后的图层，执行"图层"→"纯色设置"菜单命令，或按快捷键"Ctrl + Shift + Y"，打开"纯色设置"对话框，修改图层的名称为"蒙版"，颜色为红色，如图5-11所示。

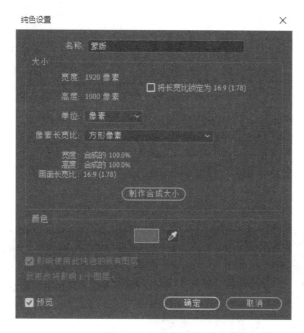

图5-11 合成设置

步骤4：收缩蒙版层

打开"蒙版"图层前面的小三角图标，打开"蒙版"，设置"蒙版扩展"像素参数为"-16"左右，这里白色作为白边起修饰作用，红色作为透明区域显示出图像，如图5-12所示。

图5-12 蒙版属性

效果如图5-13所示。

图5-13　合成画面

步骤5：制作遮罩

选择"项目"窗口中的"模特.jpeg"图片，拖曳到"时间轴"面板里，调整其位置到"蒙版"层的下方，设置当前层的轨道遮罩为"Alpha遮罩'蒙版'"，如图5-14所示。

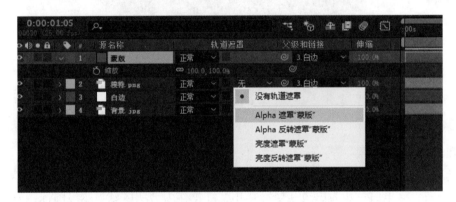

图5-14　轨道遮罩

步骤6：调整图片大小位置

按"S"键，打开"模特.png"图片的缩放属性，设置缩放比例为"70,70"左右，并调整其位置，如图5-15所示。

图5-15　图层属性

移动图片到合适的位置，效果如图5-16所示。

图 5-16　合成画面

步骤 7：建立父子级

选择"白边"图层，按"T"键打开不透明度属性，设置不透明度为 40%，选中"模特 . png"和"蒙版"图层，拖动父级图标到"白边"图层，设置"白边"图层为其父层级，如图 5-17 所示。

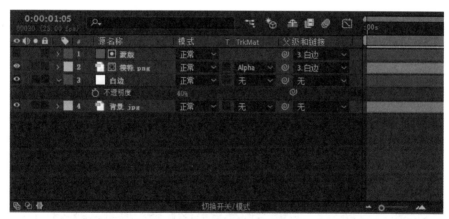

图 5-17　图层属性

步骤 8：添加投影

选中"白边"图层，执行"效果"→"透视"→"投影"菜单命令，增加立体感，调整"距离"为 30，如图 5-18 所示。

图 5-18　投影效果

步骤9：复制并制作第二组图片

选中"白边""模特.png"和"蒙版"3个图层，按快捷键"Ctrl + D"复制图层，不要丢失选择，将复制后的三层全部移到时间轴面板最上部，如图5-19所示。

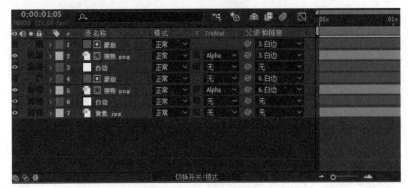

图5-19 时间轴图层排列

步骤10：

选中第2个"白边"图层，将其移动到合适的位置，选择项目窗口中的"制玉a.png"，按住"Alt"键，拖动其到下方时间指示器窗口的第2个"模特.png"图层上，将图片进行替换，如图5-20所示。

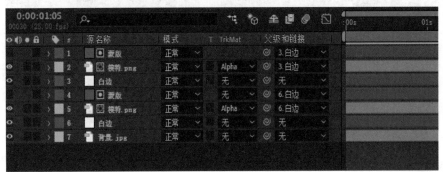

图5-20 图层替换

步骤11：

选择"制玉a.png"图层，按"S"键调整图片的缩放比例为"38,38"左右，将其移动到合适的位置，效果如图5-21所示。

图5-21 合成画面

步骤 12：制作全部图片

使用相同的方法将其他几张图片进行处理，"制玉 b. jpg"的缩放比例为"80,80"左右，"专卖店 a. jpg"的缩放比例为"53,53"左右，"专卖店 b. jpg"的缩放比例为"60,60"左右，调整图片到蒙版的合适位置，效果如图 5 – 22 所示。

图 5 – 22　合成画面

在"专卖店 a. png"图层上通过"效果"→"颜色"→"色相/饱和度"调整画面色调，勾选"彩色化"，并调整"着色色相"为"+29°"，"着色饱和度"为"38"，"着色亮度"为"8"，如图 5 – 23 所示。

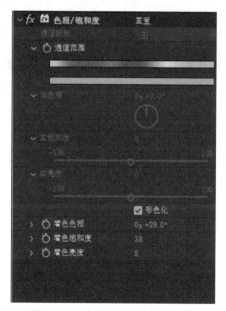

图 5 – 23　色相/饱和度效果控件

步骤 13：预合成

选中最下方的"白边""模特 . png"和"蒙版"3 个图层，执行"图层"→"预合成"命令或者按快捷键"Ctrl + Shift + C"，将 3 个图层合成一层，如图 5 – 24 所示。

步骤 14：

使用相同的方法将其他图层进行预合成，如图 5 – 25 所示。

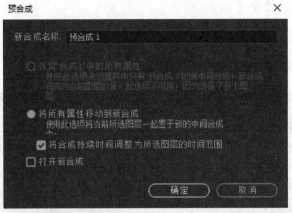

图 5-24 预合成面板

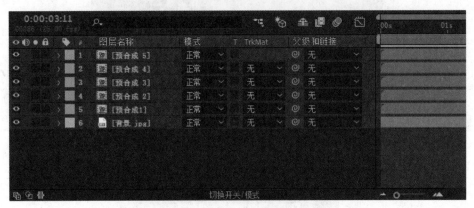

图 5-25 时间线图层

任务三 制作画面中的文字

知识链接

文字是视频制作的"灵魂",可以起到画龙点睛的作用。掌握文字的基本操作,也是影视制作至关重要的一个环节。

(1) 字体要反复挑选,一个好的字体能融合画面,并且能加强画面的表现力。

(2) 文字排版要讲究,重要信息可以用大小、颜色、字体、辅助元素等突出,不但一目了然,在构图上也美观,在制作中要运用。

任务实施

步骤1:输入文字,调整大小

选择工具栏里的横排文字工具 T ,在合成窗口单击,输入"古典美玉 匠心传承",在右侧的"字符"面板设置其字体为方正祥隶繁体,颜色为暗黄色(R:81,G:65,B:4),如图5-26所示。

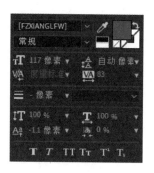

图 5-26 "字符" 面板

步骤 2：增加文字排版辅助元素

按快捷键 "Ctrl + Y"，新建一个颜色层，将名称改为 "长条"，单击 "新建" 按钮。颜色直接吸取文字的颜色，如图 5-27 所示。

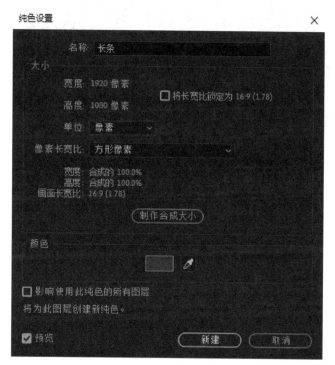

图 5-27 颜色层设置

步骤 3：

选中 "长条" 图层，选择矩形蒙版工具，在文字下方绘制一个细长条形的蒙版，如图 5-28 所示。

步骤 4：

选中 "长条" 图层，继续选择矩形蒙版工具，在细长条图形与文字中间绘制一个蒙版，设置该蒙版的模式为 "相减"，勾选 "反转"，设置 "蒙版 2" 的 "蒙版羽化" 为 "130，130"，如图 5-29 所示。

图 5 - 28　合成画面

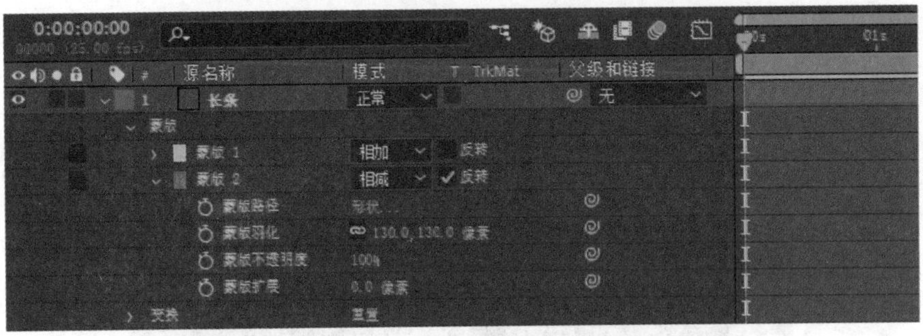

图 5 - 29　蒙版属性

适当调整"蒙版 2"的长度及位置，效果如图 5 - 30 所示。

图 5 - 30　合成画面

（1）这里用的是两个蒙版叠加，相当于布尔运算，模式里还有其他方式，要逐个掌握，如图 5 - 31 所示。

图 5 - 31　蒙版布尔运算

再加上"反转",又能增加多个叠加方式。注意,蒙版多了后,不要设置混乱,需要理解。

(2)要实现这个效果(一条两端渐变消失的线),还有其他方法:一是只加一个蒙版,在"蒙版羽化"里解除约束比例 蒙版羽化 0.0,0.0 像素 ,只调 X 向的值即可;二是把图层缩成一条线(解除缩放约束比例),再加一个矩形蒙版,直接调羽化。

步骤 5:制作年份文字

按快捷键"Ctrl + Y",新建一个颜色层,将名称改为"跑马数字",单击"确定"按钮。颜色直接吸取文字的颜色,如图 5 – 32 所示。

步骤 6:添加数目编码

选中"跑马文字"图层,右击,选择"效果"→"文本"→"编码"命令。设置类型为"数目",数值/位移/随机最大为"0.00",小数位数为"0",颜色吸取上方文字的颜色,大小为"89",如图 5 – 33 所示。

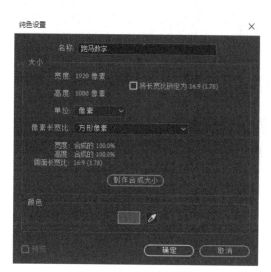

图 5 – 32　颜色层设置

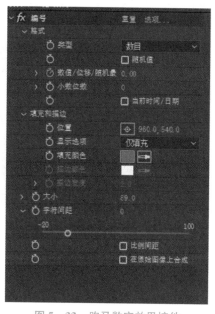

图 5 – 33　跑马数字效果控件

将文字移动到合适的位置,效果如图 5 – 34 所示。

图 5 – 34　合成设置

任务四 构图完毕，开始制作主题图片动画

知识链接

修改素材的开始时间：

可以在时间轴面板直接拖曳素材，也可以通过把时间指示器移到合适位置后，按"["键设置入点来实现。

任务实施

步骤1：制作透明度关键帧

选中5个"预合成"层，按"T"键打开不透明度属性，将时间指示器移动到"0"帧，设置不透明度属性为"0"，单击"不透明度"前面的关键帧记录器 ，创建一个关键帧，如图5-35所示。

图5-35 关键帧

步骤2：

将时间指示器移动到"00:22"帧，修改"不透明度"参数为"100"，当前时间轴位置即可自动生成一个关键帧，按"空格"键预览，此时图片产生慢慢由无到有的动画。

步骤3：

将时间指示器移动到"00:14"帧，拖动"预合成2"到此位置与时间指示器对齐；将时间指示器移动到"01:03"帧，拖动"预合成3"到此位置与时间指示器对齐；将时间指示器移动到"01:17"帧，拖动"预合成4"到此位置与时间指示器对齐；将时间指示器移动到"02:06"帧，拖动"预合成5"到此位置与时间指示器对齐。图片的不透明度动画由此产生，如图5-36所示。

步骤4：制作位移动画

选中5个"预合成"层，按"P"键打开位置属性，将时间指示器移动到"0"帧，单击"位置"前面的关键帧记录器 ，创建一个关键帧，将时间指示器移动到"03:12"帧，设置位置属性为"1030,540"，由此图片的位移动画产生，按"空格"预览动画效果，如图5-37所示。

图 5-36 图层排列

图 5-37 关键帧位置

任务五 制作文字动画

知识链接

本任务主要用到基础的关键帧动画，调节的时候要多注意把握动画节奏。

任务实施

步骤1：制作文字图层位移动画

选择"古典美玉 匠心传承"图层，将时间指示器移动到"0"帧，按"P"键打开位置属性，单击"位置"前面的关键帧记录器，创建一个关键帧，如图 5-38 所示。将时间指示器移动到"03：12"帧，设置位置属性为"609,636"，由此文字的位移动画产生，按"空格"键预览动画效果。

图 5-38 关键帧位置

步骤2：制作跑马年份动画

选择"跑马数字"图层，将时间指示器移动到"0"帧，单击"数值/位移/随机最大"前面的关键帧记录器 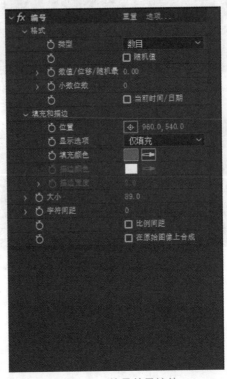，创建一个关键帧，如图5-39所示。将时间指示器移动到"03：12"帧，设置"数值/位移/随机最大"的参数为"2021"，取消勾选"比例间距"，跑马数字的动画产生，按"空格"键预览动画效果。

图5-39 编号效果控件

步骤3：制作跑马年份位移动画

选择"跑马数字"图层，将时间指示器移动到"0"帧，按"P"键打开位置属性，单击"位置"前面的关键帧记录器，创建一个关键帧，如图5-40所示。将时间指示器移动到"03:12"帧，设置位置属性为"1070,726"，由此跑马文字的位移动画产生，按"空格"键预览动画效果。

图5-40 位置关键帧

步骤4：制作跑马年份透明度动画

选择"跑马数字"图层，将时间指示器移动到"0"帧，按"T"键打开不透明度属性，设置不透明度参数为"0"，单击"不透明度"前面的关键帧记录器，创建一个关键帧，如图5-41所示。将时间指示器移动到"00:13"帧，设置不透明度参数为"85"，由此跑马数字的透明效果动画产生，按"空格"键预览动画效果。

图 5-41 不透明度关键帧

任务六 添加辅助元素云

知识链接

辅助元素云可以对画面起到锦上添花的作用,一是丰富画面,二是能增强氛围,提高画面历史悠久、岁月变迁的表现力。在平时的制作中,一定要注意根据画面效果添加辅助元素,丰富画面的效果。

任务实施

步骤1:添加云

在"项目"面板中选择"云.png",拖动到下方的时间轴窗口,调整图片到合适位置,按"T"键打开不透明度属性,设置不透明度参数为"38"左右,如图5-42所示。

图 5-42 不透明度关键帧

步骤2:制作云飘动画

将时间指示器移动到"0"帧,单击"不透明度"前面的关键帧记录器 ,创建一个关键帧,如图5-43所示。将时间指示器移动到"00:19"帧,设置不透明度参数为"58",产生云的位移动画,按"空格"键预览动画效果。

图 5-43 关键帧位置

项目扩展

课后练习:企业发展历程时间轴

效果示意如图5-44所示。

图 5-44　素材画面

主要步骤：

(1) 制作图片背景图形遮罩，复制扩展，第一层图形作为遮罩与图片的位置。

(2) 复制制作其他组图片，给图片添加位置、缩放动画。

(3) 使用文字工具输入文字，添加数目编码。

(4) 添加其他辅助元素配合产品的运动效果。

项目名称	任务内容
任务讨论	本任务主要讲解各种素材的常规运动方式、跑马文字动画制作方法、辅助素材的合成技巧
知识链接	1. 遮罩不同于蒙版，遮罩是作为一个单独的图层存在的，并且通常是上对下遮挡的关系。 2. 用一个层做轨道遮罩，来保持最后的圆形图像大小一致，是高效的做法。如果不用轨道遮罩，在每个图片上直接画蒙版，再加上图片大小也不一致，则无法保证最后的一致性。这种方法要理解、借鉴运用。 3. 替换素材的方法：按住 Alt 键，从项目窗口拖动素材到时间轴面板的素材上，可直接替换素材，这个方法很高效。 4. 预合成：预合成就是将多个图层合并成一个图层，这样便于直观地统一管理、统一添加同一效果；在预合成中的各个图层上可以很方便地进行添加、替换、删除和修改操作；预合成也可作为一个素材，执行"图层"→"预合成"菜单命令，快捷键为"Ctrl + Shift + C"。 5. 文字可以说是视频制作的"灵魂"，可以起到画龙点睛的作用，掌握文字的基本操作，也是影视制作至关重要的一个环节。字体要反复挑选，一个好的字体能融合画面，且能加强画面的表现力。文字排版要讲究，重要信息可以用大小、颜色、字体、辅助元素等突出，不但一目了然，在构图上也美观，在制作中要运用。 6. 修改素材的开始时间：可以在时间指示器面板直接拖曳素材，也可以把时间指示器移到合适位置后，按"〔"键设置入点来实现。 7. 辅助元素可以对画面起到锦上添花的作用，一能丰富画面，二能增强氛围，提高画面表现力。在平时的制作中一定要注意根据画面效果添加辅助元素。
任务要求	1. 各种素材的常规运动方式。 2. 掌握跑马文字动画制作方法。 3. 掌握辅助素材的合成技巧。
任务实现	
任务总结	通过完成上述任务，你学到了哪些知识和技能？
课后思考	
课堂笔记	

项目六

古法制玉流程

能力目标

1. 掌握图层轨道遮罩的原理及应用。
2. 掌握使用图层叠加模式合成粒子的方法。
3. 掌握渐变背景的制作技术。
4. 掌握绘制蒙版的技术。

素养目标

1. 通过此项目的练习，养成独立思考的能力。
2. 通过练习蒙版及视频的剪辑，提高逻辑思维能力和审美能力。

项目分析

为表达厚重的历史感，色调应为暗色调偏褐色，素材选用古代制玉有关的画面，用墨做轨道遮罩，将画面叠到其中，最后加上星火般的粒子增加氛围。

这部分画面表达从古代便有制玉的流程，画面色调有浓厚的岁月感，配合墨韵动画，有墨里看乾坤的意境，从而显示该产品历史悠久。完成效果如图 6-1 和图 6-2 所示。

图 6-1 合成画面（1）

图 6-2　合成画面（2）

项目实战

任务一　背景制作

知识链接

可以利用给颜色层添加蒙版的方式构建背景明暗色调，这种方式很常用，需要掌握。在本任务中，对冷暖调的调整要细腻到位，能突出历史厚重的感觉。冷暖调颜色要选准，蒙版羽化要过渡自然。

任务实施

步骤1：构建明暗及色调

按快捷键"Ctrl＋N"新建合成，将"合成名称"设为"模块五"，"宽度、高度"设为"1 920×1 080"，"帧速率"设为"25"，单击"确定"按钮，如图 6-3 所示。

按快捷键"Ctrl＋Y"新建一个颜色层，将"颜色"改为"橙色，#9F5200"，单击"确定"按钮，如图 6-4 所示。

选择"橙色纯色层"，单击工具栏的"椭圆选框工具"，建立蒙版，展开"蒙版"属性，将"蒙版羽化"设为"834,834"，使用"移动工具"调整蒙版形状，如图 6-5 和图 6-6 所示。

按快捷键"Ctrl＋Y"新建一个颜色层，将"颜色"改为"蓝紫色，#211453"，单击"确定"按钮。同理，创建蒙版，勾选"反转"，"蒙版羽化"设为"646,646"，调整形状。按"T"键展开"不透明度属性"，设为"40"，如图 6-7～图 6-9 所示。

步骤2：增加纹理，使背景看起来丰富

按快捷键"Ctrl＋I"，导入素材"纹理.jpg"，将素材拖曳到"时间轴"面板"橙色 纯色"图层下方，按"T"键将不透明度设为"15%"，如图 6-10 所示。

图 6 - 3　合成设置

图 6 - 4　调色板

图 6 - 5 蒙版属性

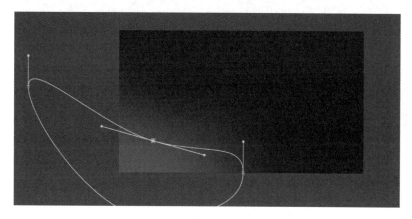

图 6 - 6 钢笔工具绘画

图 6 - 7 调色板

图 6-8 蒙版属性

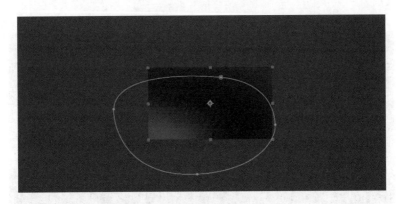

图 6-9 钢笔工具绘画

图 6-10 合成画面

制作纹理图片缩放动画, 将时间指示器移动到 "00:00" 帧, 按 "S" 键展开 "缩放" 属性, 单击创建关键帧 ; 将时间指示器移动到 "06:00" 位置处, 将 "缩放" 值设为 "78,78", 自动创建关键帧, 如图6-11所示。

图6-11 图层缩放属性

步骤3: 添加杂色颗粒, 做旧处理

按快捷键 "Ctrl + Y" 新建一个颜色层, 将 "颜色" 改为 "黑色", 单击 "确定" 按钮。选择该图层, 右击, 执行 "效果" → "杂色和颗粒" → "分形杂色" 菜单命令, 如图6-12所示。

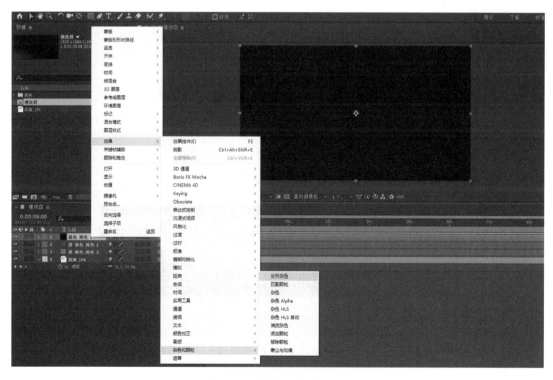

图6-12 选择 "分形杂色"

选择 "黑色 纯色1", 调整杂色和颗粒大小, 在 "效果控件" 面板中将 "分形杂色" 参数中的 "变换→缩放" 设为 "20", 按 "T" 键, 调整该层透明度设为 "10", 如图6-13所示。

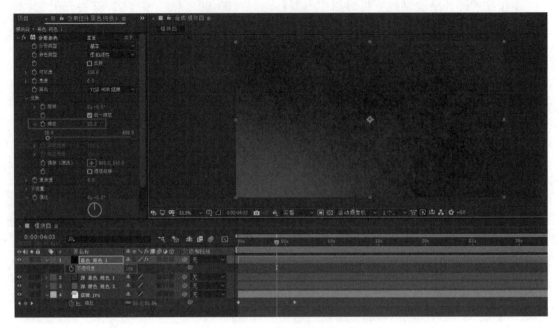

图 6 – 13　分形杂色效果控件

任务二　古法制玉画面制作

任务实施

步骤 1：制玉图片排序

按快捷键 "Ctrl + I"，导入 "捣沙和研浆 . PNG" "开玉 . jpg" "扎碢、磨碢、冲碢 . jpg"，并将其拖曳到 "时间轴" 面板，调整图层顺序，如图 6 – 14 所示。

图 6 – 14　图层排序

按快捷键 "Ctrl + Shift + C"，创建预合成 "制玉合成"，如图 6 – 15 所示。

步骤 2：调整捣沙和研浆画面

选择 "捣沙和研浆 . PNG" 图层，将 "缩放" 值设为 "120,120"，将 "位置" 设为 "918,586"（这里调整是为了使将来出现在墨晕里的图像合适，当然，也可以做完墨晕轨道遮罩后再结合构图调整），并在 "00:00" 处开启缩放关键帧，将时间线拖至 "03:00" 位置，修改缩放数值为 "150,150"，如图 6 – 16 和图 6 – 17 所示。

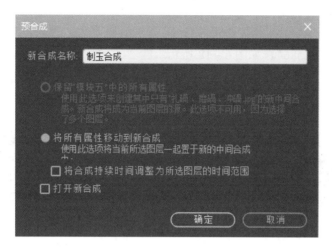

图 6 - 15　预合成面板

图 6 - 16　图层属性

图 6 - 17　合成画面

步骤3：调整开玉画面

选择"开玉.jpg"，图层，按"S"键，将缩放值修改为"215,215"，按"P"键，将位置参数修改为"918,586"，如图6-18所示。在"03:00"处开启缩放关键帧，将时间线拖至第6 s位置，修改缩放数值为"250,250"，选择该图层，按快捷键"Ctrl + D"，复制一层。

图 6-18　缩放关键帧

步骤4：调整扎碴、磨碴、冲碴画面

选择"扎碴、磨碴、冲碴.jpg"图层，按"S"键，将缩放值修改为"250,250"，按"P"键，将位置参数修改为"-42,106"，如图6-19所示。在"06:00"处开启缩放关键帧，将时间线拖至"09:00"位置，修改缩放数值为"280,280"选择该图层，按快捷键"Ctrl + D"，复制一层。

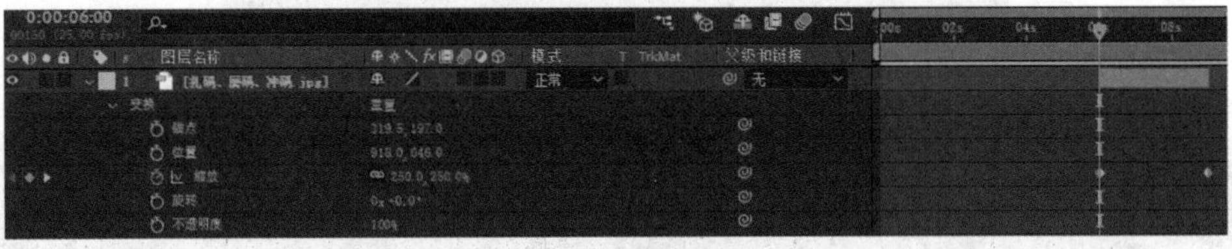

图 6-19　缩放关键帧

步骤5：调整图层大小

将时间指示器移动至"03:00"处，选中"捣沙和研浆.PNG"层，按"Alt +]"出点与时间指示器对齐，选中"开玉.jpg"层，按快捷键"Alt + ["，将入点与时间指示器对齐；将时间指示器移动至"06:00"处，选中"开玉.jpg"层，按快捷键"Alt +]"，将出点与时间指示器对齐；选中"扎碴、磨碴、冲碴.jpg"层，按快捷键"Alt + ["，将入点与时间指示器对齐；将时间指示器移动至"09:00"处，选中"扎碴、磨碴、冲碴.jpg"层，按快捷键"Alt +]"，将出点与时间指示器对齐。如图6-20所示。

图 6-20　时间线

任务三 添加"墨"轨道遮罩

知识链接

轨道遮罩：

（1）Alpha 遮罩：根据上个图层的 Alpha 通道信息来决定本图层透明度。

（2）亮度遮罩：类似于 Alpha 遮罩说明，根据上个图层的亮度信息（黑白信息）来决定本图层的透明度。

（3）Alpha 反转遮罩：就是上个图层 Alpha 反向。

（4）亮度反转遮罩：类似于 Alpha。

任务实施

步骤1：调整"墨"层

按快捷键"Ctrl + I"，导入"墨.mov"，将该层拖曳到"时间轴"面板，按"S"键打开"缩放"属性，修改参数为"254,254"，如图 6 – 21 所示。

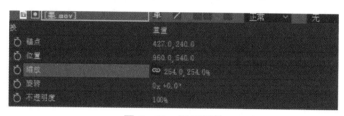

图 6 – 21 图层属性

步骤2：设置轨道遮罩

将"墨.mov"层放在最上层，将"制玉图片"的轨道遮罩设为"Alpha 遮罩'墨.mov'"，如图 6 – 22 所示。

图 6 – 22 轨道遮罩

任务四 添加辅助元素

知识链接

（1）正常组：只有当像素的不透明度不是 100% 时，才与下方图层的像素产生混合，如图 6 – 23 所示。

（2）变暗组：比较上下图层对应像素的 R、G、B 通道的值，取较暗值作为混合效果的值，从而达到画面变暗的效果，如图 6 – 23 所示。

（3）变亮组：比较上下图层对应像素的 R、G、B 通道的值，取较亮值作为混合效果的值，从而达到画面变亮的效果，如图 6 - 24 所示。

（4）叠加组：亮的变得更亮，暗的变得更暗，从而产生更强烈的明暗对比效果，如图 6 - 25 所示。

（5）差值组：基于上下图层对应像素的颜色差异来产生混合效果，如图 6 - 25 所示。

（6）色彩组：基于色彩三要素混合上下图层，如图 6 - 26 所示。

（7）遮罩组：本组模式主要用于将当前图层转换为下方所有图层的遮罩，解决了轨道遮罩只能对一个图层起作用的限制，如图 6 - 26 所示。

图 6 - 23　正常组和
变暗组

图 6 - 24　变亮组

图 6 - 25　叠加组和
差值组

图 6 - 26　色彩组和
遮罩组

任务实施

步骤：添加素材，调整图层混合模式

按快捷键"Ctrl + I"，导入"黑白粒子 . mov""火花粒子 . mov"，将"火花粒子 . mov"拖曳到"时间轴"面板，按快捷键"Ctrl + Alt + F"，将素材适应合成大小，修改"图层模式"为"屏幕"，如图 6 - 27 和图 6 - 28 所示。将"黑白粒子 . mov"拖曳到"时间轴"面板，按快捷键"Ctrl + Alt + F"，将素材适应合成大小，修改"图层模式"为"相加"，如图 6 - 29 所示。

图 6 - 27　合成画面

图6-28 图层混合模式（屏幕）　　图6-29 图层混合模式（相加）

任务五 添加字幕

知识链接

制作字幕间距动画：

（1）选择文字层，在右侧选择"动画"→"字符间距"命令，如图6-30所示。

（2）通过关键帧的形式来调整字符间距大小，如图6-31所示。

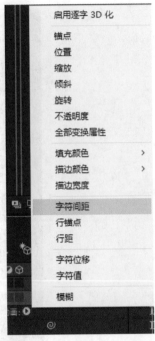

图 6 - 30 选择"字符间距"

图 6 - 31 字符间距属性

任务实施

步骤 1：输入文字

选择工具箱的"文字"工具，输入"【捣沙和研浆】一人拿杵将石沙敲得更加细碎，另外一人用筛子将石沙按照大小进行分类"。"字符间距大小"分别设为"72"和"35"，"颜色"设为"#F9DDB9"，移动文字至画布下方。在右侧"字符"面板中，将"字体"设为"方正准圆简体"，如图 6 - 32 和图 6 - 33 所示。

步骤 2：制作文字阴影

执行"窗口"→"段落"菜单命令，打开"段落"面板，选择"左对齐文本"，如图 6 - 34 所示。

选中文字图层，右击，选择"效果"→"透视"→"投影"，并修改参数"颜色"为"#000000"，"不透明度"为"50%"，"方向"为"+135°"，"距离"为"5"，如图 6 - 35 和图 6 - 36 所示。

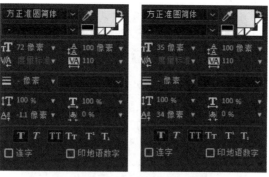

图 6-32 "字符"面板

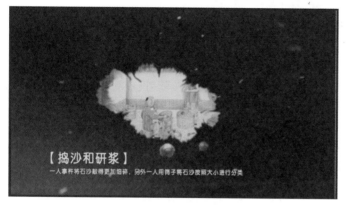

图 6-33 合成画面

图 6-34 "段落"面板

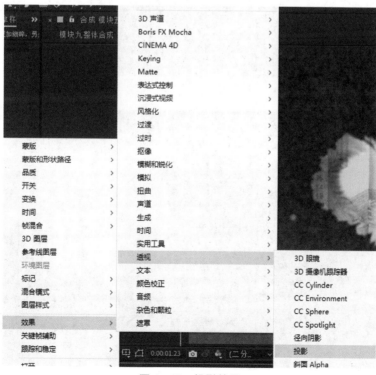

图 6-35 投影效果

图 6-36　投影效果控件

步骤 3：制作字幕渐隐动画

将时间指示器移动到"0"帧，按"T"键，展开"不透明"属性，设为"0%"，单击创建关键帧 ○。将时间指示器移动到"00:24"位置处，将"不透明"属性设为"100%"，自动创建关键帧；再将时间指示器移动到"02:12"位置处，将"不透明"属性设为"100%"，自动创建关键帧；再将时间指示器移动到"02:28"位置处，将"不透明"属性设为"0%"，自动创建关键帧，如图6-37所示。按快捷键"Ctrl + D"，将"文字"图层复制两层，修改内容为"【开玉】用条锯切割尚未雕琢的玉料，使其变得光滑"和"【扎碾、磨碾、冲碾】裁去设计图样以外的多余玉料，使玉器样式初步成形"。在"03:00"处和"06:00"处，将前一个画面图层尾部与后一个画面图层首部对齐，如图6-38和图6-39所示。

图 6-37　不透明度关键帧

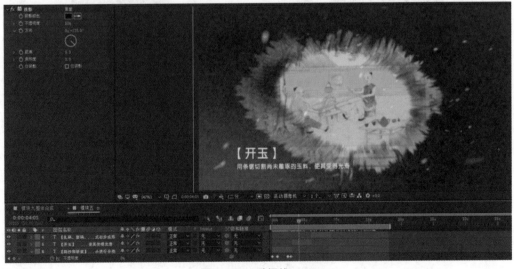

图 6-38　时间线 (1)

图 6 – 39 时间线（2）

任务六 古法制玉画面 2 制作

知识链接

该任务与"任务二""任务五"步骤相同，只是素材与文字不同。

任务实施

步骤 1：导入素材

按快捷键"Ctrl + I"，导入"透花.jpg""上花.jpg""掏堂.jpg"3 个素材，如图 6 – 40 所示。

图 6 – 40 项目面板

步骤 2：

将"透花.jpg""上花.jpg""掏堂.jpg"3个素材拖入时间线上，如图6-41所示。

图6-41 时间线面板

按快捷键"Ctrl + Shift + C"，创建预合成"制玉合成2"，如图6-42所示。

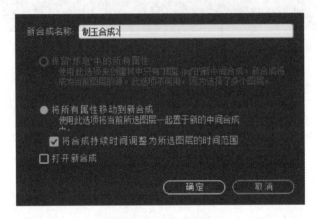

图6-42 预合成面板

步骤 3：调整透花画面

选择"透花.jpg"图层，将"缩放"值设为"190,190"，将"位置"设为"918,586"（这里调整是为了使将来出现在墨晕里的图像合适，当然，也可以做完墨晕轨道遮罩后再结合构图调整）。在"00：00"处开启缩放关键帧，将时间线拖至"03：00"位置，修改缩放数值为"150,150"，如图6-43和图6-44所示。

图6-43 图层属性

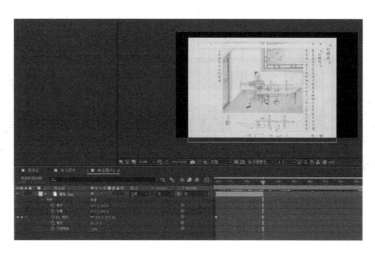

图 6 -44　合成画面

步骤 4：调整上花画面

选择"上花.jpg"图层，按"S"键，将缩放值修改为"230,230"，按"P"键，将位置参数修改为"918,586"。将时间指示器移动到"03：00"处，按"〔"键，将入点与时间指示器对齐，并开启"缩放"关键帧，将时间指示器拖至"06：00"位置，修改缩放数值为"280,280"，选择该图层，按快捷键"Ctrl + D"，复制一层，如图 6 -45 所示。

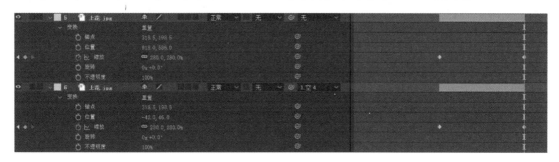

图 6 -45　调整上花画面

步骤 5：调整掏堂画面

选择"掏堂.jpg"图层，按"S"键，将缩放值修改为"280,280"，按"P"键，将位置参数修改为"-71,46"。在第 6 s 开启缩放关键帧，将时间线拖至第 9 秒位置，修改缩放数值为"316,316"选择该图层，按快捷键"Ctrl + D"，复制一层，如图 6 -46 所示。

图 6 -46　调整掏堂画面

步骤 6：调整图层大小

在时间线面板空白处右击，新建"空对象"层，选中下层"上花.jpg"，按"Ctrl"键的同时选中下层"掏堂.jpg",单击其中一个图层的父级关联器,拖至"空"图层上,选中"空"层,按"S"键,将缩放数值改为"117",如图6-47所示。

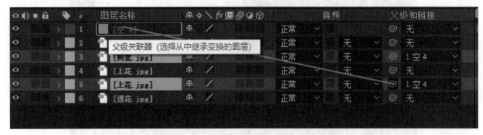

图6-47 父级关联器

将时间指示器移动至"03:00"处,选中"透花.jpg"层,按快捷键"Alt+]",将出点与时间指示器对齐,选中"上花.jpg"层,按快捷键"Alt+[",将入点与时间指示器对齐;将时间指示器移动至"06:00"处,选中"上花.jpg"层,按快捷键"Alt+]",将出点与时间指示器对齐,选中"掏堂.jpg"层,按快捷键"Alt+[",将入点与时间指示器对齐;将时间指示器移动至"09:00"处,选中"掏堂.jpg"层,按快捷键"Alt+]",将出点与时间指示器对齐。

任务七 添加"墨"轨道遮罩

知识链接

轨道遮罩:

(1)Alpha遮罩:根据上个图层的Alpha通道信息来决定本图层透明度。

(2)亮度遮罩:类似于Alpha遮罩说明,根据上个图层的亮度信息(黑白信息)来决定本图层的透明度。

(3)Alpha反转遮罩:就是上个图层Alpha反向。

(4)亮度反转遮罩:类似于Alpha。

任务实施

步骤1:调整"墨"层

按快捷键"Ctrl+D",复制一层"墨.mov"遮罩层,将该层拖曳到"制玉图片2"层上方,如图6-48所示。

图6-48 "缩放"属性

步骤2:设置轨道蒙版

将"墨.mov"层放在最上层,将"制玉图片2"的轨道遮罩设为"Alpha遮罩'[墨.mov]'",如图6-49所示。

图 6-49 轨道遮罩

任务八 添加字幕

知识链接

制作字幕间距动画:

(1) 选择文字层,在右侧选择"动画"→"字符间距"命令,如图 6-50 所示。

图 6-50 选择"字符间距"

(2) 通过关键帧的形式来调整字符间距大小,如图 6-51 所示。

图 6-51 字符间距属性

任务实施

步骤1：输入文字

选择工具箱的"文字"工具，输入"【上花、打钻、透花】对一些需要雕琢镂空花纹的玉器钻圆洞，雕琢花纹，镂空花纹"。"字符大小"分别设为"72"和"35"，"颜色"设为"#F9DDB9"，移动文字至画布下方。在右侧"字符"面板中，"字体"设为"方正准圆简体"，如图6-52和图6-53所示。

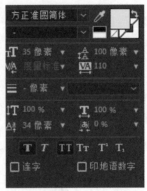

图6-52 "字符"面板

图6-53 合成画面

步骤2：制作文字阴影

执行"窗口"→"段落"菜单命令，打开"段落"面板，单击"左对齐文本"，如图6-54所示。

选中文字图层，右击，选择"效果"→"透视"→"投影"，并修改参数"颜色"为"#000000"，"不透明度"为"50%"，"方向"为"+135°"，"距离"为"5"，如图6-55和图6-56所示。

图6-54 "段落"面板

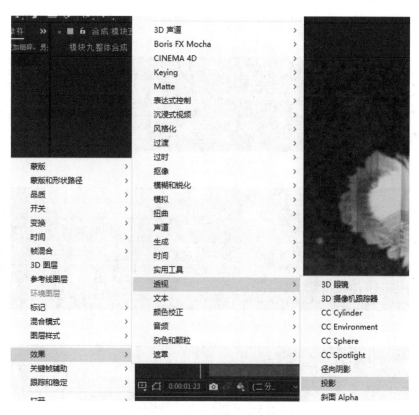

图 6 - 55　投影效果

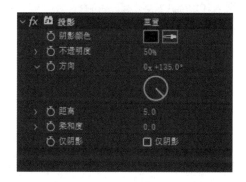

图 6 - 56　投影效果控件

步骤 3：制作字幕渐隐动画

将时间指示器移动到"0"帧，按"T"键展开"不透明"属性，设为"0%"，单击创建关键帧 。将时间指示器移动到"00:24"位置，将"不透明"属性设为"100%"，自动创建关键帧；将时间指示器移动到"02:12"位置，将"不透明"属性设为"100%"，自动创建关键帧；将时间指示器移动到"02:28"位置，将"不透明"属性设为"0%"，自动创建关键帧，如图 6 - 57 所示。按快捷键"Ctrl + D"，将"文字"图层复制两层，修改内容为"【打眼】对扳指、烟嘴袋之类的外观小巧并且有固定形状的玉器进行钻孔"和"【木碣、皮碣】对已经雕琢好的玉器细细打磨抛光，使其呈现出原本的玉色"。在"03:00"处和"06:00"处，将前一个画面图层尾部与后一个画面图层首部对齐，如图6－58和图6－59所示。

图6－57　时间线（1）

图6－58　时间线（2）

图6－59　时间线（3）

步骤4：整理图层

将时间指示器移动到"18:00"帧，按"Shift"键加选所有的图层，按快捷键"Ctrl＋Shift＋D"拆分图层，按"Delete"键删除后半部分截断的图层，如图6－60和图6－61所示。

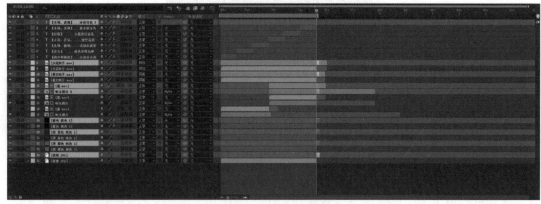

图6－60　时间线调整

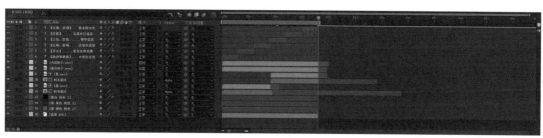

图 6 – 61　时间线

项目扩展

课后练习：中国风水墨晕染

效果示意如图 6 – 62 所示。

图 6 – 62　素材画面

主要步骤：

（1）制作背景，将背景素材拖曳到时间轴面板，剪辑所需的视频片段。

（2）挑选墨素材拖曳到时间轴面板，将剪辑好的视频设置轨道遮罩为墨素材视频。

（3）可以使用文字工具输入文字，解释素材，丰富画面。

项目名称	任务内容
任务讨论	本任务主要讲解图层轨道遮罩的原理及应用、图层叠加模式合成粒子、渐变背景的制作技术、绘制蒙版的技术。
知识链接	1. 利用给颜色层添加蒙版的方式构建背景明暗色调。 　　2. 轨道遮罩： 　　（1）Alpha 遮罩：根据上个图层的 Alpha 通道信息来决定本图层透明度。 　　（2）亮度遮罩：类似于 Alpha 遮罩说明，根据上个图层的亮度信息（黑白信息）来决定本图层的透明度。 　　（3）Alpha 反转遮罩：就是上个图层 Alpha 反向。 　　（4）亮度反转遮罩：类似于 Alpha。 　　3. 图层混合模式。
任务要求	1. 掌握图层轨道遮罩的原理及应用。 　　2. 掌握使用图层叠加模式合成粒子。 　　3. 掌握渐变背景的制作技术。 　　4. 掌握绘制蒙版的技术。
任务实现	
任务总结	
课后思考	
课堂笔记	

项目七

相框玉盒动画

能力目标

1. 掌握 3D 图层的设置及应用。
2. 掌握调整 3D 图层 XYZ 位置的方法、使用旋转的关键帧来制作动画的方法。
3. 掌握关键帧差值的修改方法。

素养目标

1. 通过练习 3D 图层动画，养成勤于思考的习惯。
2. 通过练习关键帧差值，培养清晰的逻辑思考能力。

项目分析

古代女子照片配上古典风格的画框，在岁月中一幕幕出现，画面飘着星火粒子，更显悠长，古朴的盒子彰显了玉制品的历史。

这里介绍古代女子，引出皇室颁发的盒子，用什么形式呢？拥有古典气息的相框配上端庄的女子很是契合，如图 7-1 和图 7-2 所示。

图 7-1 合成画面（1）

图 7 - 2　合成画面（2）

项目实战

任务一　合成相框

知识链接

本任务的主要工作是完成背景的制作和素材的导入，素材导入后，注意调整好比例和效果。

任务实施

步骤 1：制作背景

按快捷键"Ctrl + N"新建合成，将"合成名称"设为"模块六"，宽度、高度分别设为 1 920、1 080，"帧速率"设为"25"，单击"确定"按钮，如图 7 - 3 所示。

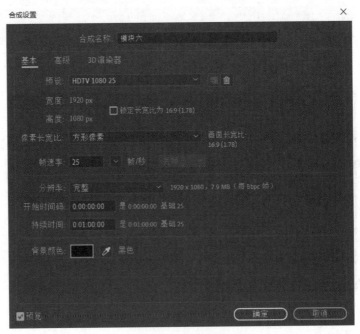

图 7 - 3　合成设置

背景制作方法和模块五制作方法一样，可直接进行复制，如图 7 - 4 所示。

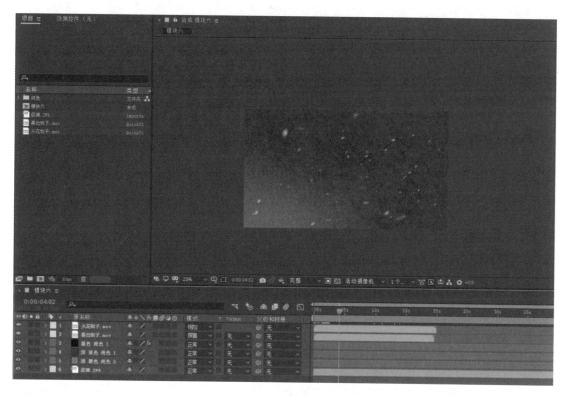

图 7 - 4　时间线

步骤 2：导入女子图片，并调整相框大小位置

按快捷键"Ctrl + I"导入素材"古代女子 a. jpeg""古代女子 b. jpeg""古代女子 c. jpeg"，并将其拖曳到"时间轴"面板；在背景图层中，分别单击 图标，将图层先进行隐藏，后续再开启，加速预览，如图 7 - 5 所示。

导入素材"相框 . png"，并将其拖曳到"时间轴"面板上。按"S"键展开"缩放"属性，单击 图标，取消属性链接，将参数设为"90,96"。适当移动位置，将相框全部显示出来，如图 7 - 6 所示。

步骤 3：把女子图片放到相框里

将"古代女子 b. jpeg""古代女子 c. jpeg"图层隐藏，选择"古代女子 a. png"图层，按"S"键将缩放值设为"140,140"并进行移动，选择工具栏上的"矩形工具"绘制蒙版，只显示相框里的图片，如图 7 - 7 所示。

步骤 4：预合成女子相框

选中"相框 . png"图层，按快捷键"Ctrl + D"复制图层进行备份。选择"古代女子 a. png""相框 . png"两个图层，按快捷键"Ctrl + Shift + C"创建"古代女子 a 合成"，创建完成后，单击 图标隐藏该层，如图 7 - 8 所示。

图 7-5　女子图片合成画面

图 7-6　显示相框合成画面

步骤5：制作另两个女子相框

将"古代女子 b. jpeg"图层拖到"相框 . png"图层下方，按"S"键将缩放值设为"100,100"并进行移动，按"P"键将位置数值设为"946,554"。选中"相框 . png"图层，按快捷键"Ctrl+D"复制图层进行备份，如图7-9所示。

图7-7　女子相框合成画面

图7-8　预合成面板

图 7 - 9　古代女子 b 合成画面

选择"古代女子 b. png""相框 . png"两个图层，按快捷键"Ctrl + Shift + C"创建"古代女子 b 合成"，创建完成后，单击 ◉ 图标隐藏该层，如图 7 - 9 所示。同法对"古代女子 c. png"图层进行操作，如图 7 - 10 所示。

图 7 - 10　古代女子 c 合成画面

任务二　相框 3D 图层动画

知 识 链 接

（1）After Effects 合成设置"3D 渲染器"有 3 种方式，如图 7 - 11 所示。

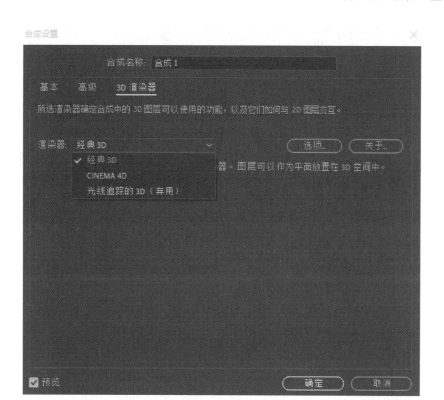

图 7 – 11　合成 3D 设置

如果开启下面两个，部分机型会报错或不显示，这是因为计算机显卡不支持。打开 3D 开关后，在视图窗口右上角也能切换，如图 7 – 12 所示。

（2）CINEMA 4D 和光线追踪的 3D 这两种方式是更高级的 3D 功能，尤其是光线追踪的 3D，能直接设置厚度、编辑灯光材质等，是 After Effects 以后版本重要的更新内容。

图 7 – 12　渲染器

任务实施

步骤 1：开启图层 3D 开关

将 3 个预合成的 3D 开关打开，将"自定义视图"切换为"活动摄像机"，如图 7 – 13 所示。

图 7 – 13　合成视图

步骤 2：摆好这 3 层的 3D 位置

同时选中"古代女子 a 合成""古代女子 b 合成""古代女子 c 合成"这 3 个图层，按"R"键打开旋转属性，将"Y 轴旋转"值设为"0x – 33°"，如图 7 – 14 所示。

图 7-14 Y 轴旋转值

选中预合成"古代女子 a 合成",使用"选取工具"向左进行移动,按"S"键将缩放属性设为"80,80,80";选中"古代女子 b 合成",向右进行移动,如图 7-15 和图 7-16 所示。

图 7-15 图层属性

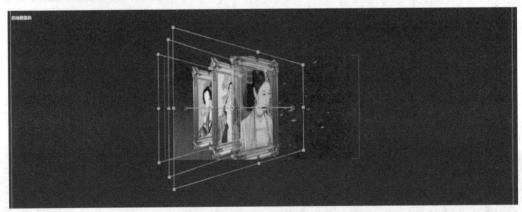

图 7-16 合成画面

步骤 3:加入玉盒图片并调整大小和位置

按快捷键"Ctrl + I"导入素材"玉盒. png",并将其拖曳到"时间轴"面板上,移动图片位置至右侧,按"P"键打开位置属性,将位置数值设为"1642,540",按"S"键打开缩放属性,将缩放值设为"175,175",如图 7-17 所示。

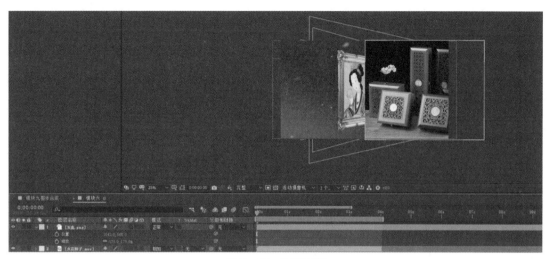

图 7 - 17 图层属性

步骤 4：再次调整构图

选中"古代女子 b"图层，按"S"键打开缩放属性，将缩放值设为"84,84,84"；选中"古代女子 c"图层，按"S"键打开缩放属性，将缩放值设为"100,100,100"，按"Shift"键加选"古代女子 a"，向左侧移动，如图 7 - 18 所示。

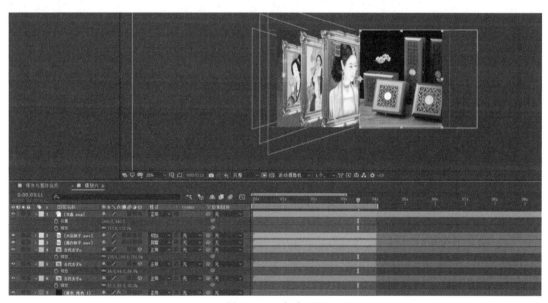

图 7 - 18 合成画面

步骤 5：制作古代女子 a 合成层动画

分别单击 图标隐藏"古代女子 b 合成""古代女子 c 合成"。将时间指示器移动到"00：00"帧，选中"古代女子 a 合成"，"位置"设为"868,540,12"，按"S"键打开缩放属性，将缩放值设为"80"，按"R"键打开旋转属性，将"Y 轴旋转"设为"0x - 51.0°"，单击 图标创建关键帧，如图 7 - 19 所示。

图 7 – 19 关键帧位置

将时间指示器移动到"04:00"帧，将"位置"设为"96,540,132.6"，将"缩放"设为"80,80,80"，将"Y 轴旋转"设为"0x – 79.0°"，自动创建关键帧，如图 7 – 20所示。

图 7 – 20 图层属性

步骤 6：制作古代女子 b 合成层动画

显示"古代女子 b 合成"，将时间指示器移动到"00:00"帧，"位置"设为"1039,540, – 254"，将"缩放"设为"84,84,84"，"Y 轴旋转"设为"0x – 54.0°"；将时间指示器移动到"04:00"帧，将"位置"设为"449,540, – 254.2"，"缩放"设为"84,84,84"，"Y 轴旋转"设为"0x – 71.0°"，如图 7 – 21 所示。

步骤 7：制作古代女子 c 合成层动画

显示预合成"古代女子 c 合成"，将时间指示器移动到"00:00"帧，"位置"设为"1260,540, – 263"，"缩放"设为"100,100,100"，"Y 轴旋转"设为"0x – 41.0°"；将时间指示器移动到"04:00"帧，将"位置"设为"729.6,540, – 155"，"缩放"设为"100,100,100"，"Y 轴旋转"设为"0x – 60.0°"，如图 7 – 22 所示。

步骤 8：制作透明度动画

按"Shift"键加选"古代女子 b""古代女子 c"两个图层，按"T"键展开"透明度"。选择"古代女子 b"，将时间指示器移动到"01:14"帧，单击 ⏱ 创建关键帧；将时间指针移动到"00:12"帧，"透明度"设为"0%"，自动创建关键帧，如图 7 – 23所示。

图 7-21　合成画面

图 7-22　图层属性

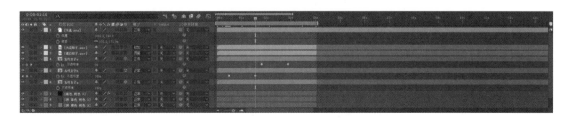

图 7 – 23　关键帧位置

选中"古代女子 c 合成",将时间指示器移动到"02:22"帧,单击 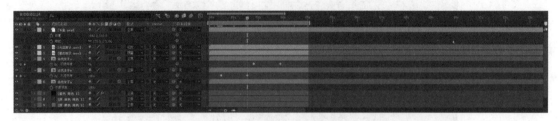 创建关键帧;将时间指示器移动到"01:14"帧,将"透明度"设为"0%",如图 7 – 24 所示。效果如图 7 – 25 所示。

图 7 – 24　不透明度关键帧

图 7 – 25　关键帧位置

任务三　玉盒动画

知识链接

After Effects 关键帧插值

在日常生活中,物体的运动过程往往不是匀速的,像汽车发动、皮球落地等都是加速运动,在后期工作中,为了保证真实性,在控制物体的运动时,需要做一些处理,使运动看起来更真实。运动速度可以通过关键帧插值面板进行调整,如图 7 – 26 所示。

（1）线性：一般对匀速运动的物体使用这种插值类型。线性插值在时间指示器窗口中的标志为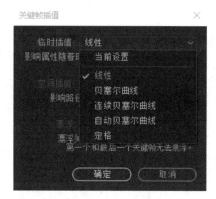。

（2）贝塞尔曲线和连续贝塞尔曲线：这两种插值的标志都为，它们的区别在于贝塞尔曲线的手柄只能调整一侧的曲线，而连续贝塞尔曲线能调整两侧的曲线。

（3）自动贝塞尔曲线：这种插值的标志为，它可以在不同的关键帧之间保持平滑的过渡，对插值图两边的线段形状做自动调节。

（4）定格：这种插值的标志为，它没有任何过渡，第一个关键帧保持不变，到第二个关键帧突然变化。

图 7-26 关键帧插值设置

任务实施

步骤1：制作缩放动画

选择玉盒，将时间指针移动到"00:00"帧，按"S"键将缩放设为"175%"，单击创建关键帧；将时间指针移动到"04:00"帧，将"缩放"设为"200%"，自动创建关键帧，如图 7-27 所示。

图 7-27 缩放属性

步骤2：制作蒙版

选中"玉盒"图层，按快捷键"Ctrl + Shift + C"创建预合成，如图 7-28 所示。

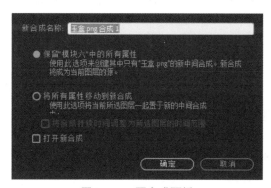

图 7-28 预合成面板

选中"玉盒.png 合成1"图层，按快捷键"Q"，使用"矩形工具"绘制蒙版，如图 7-29 和图 7-30 所示。

步骤3：修改关键帧差值

框选"古代女子a""古代女子b""古代女子c"三个图层，并按"P"键打开"位置"的三个关键帧，右击，选择"关键帧插值"，在"关键帧插值"面板中将"临时插值"设为"线性","空间插值"设为"线性",单击"确定"按钮,如图7－31～图7－33所示。

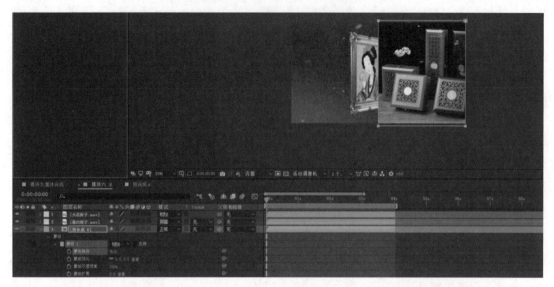

图7－29　蒙版绘制

图7－30　蒙版属性

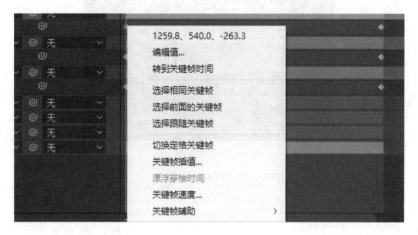

图7－31　关键帧插值

图 7 - 32 关键帧插值设置

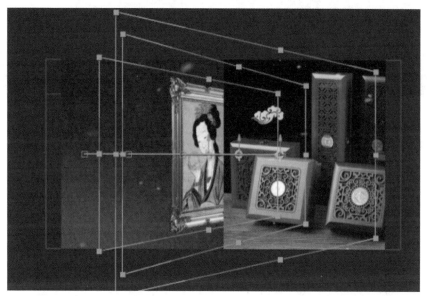

图 7 - 33 合成画面

任务四 整理图层

知识链接

调整工作区起始范围：

可以通过按"B"键、"N"键调整工作区的起点和终点来预览视频。

任务实施

步骤：

将时间指针移动到"04:00"帧，按"Shift"键加选所有的图层，按快捷键"Ctrl +
Shift + D"拆分图层，按"Delete"键删除后半部分截断的图层，按"B""N"键分别设置
起点和终点，如图 7 - 34 和图 7 - 35 所示。

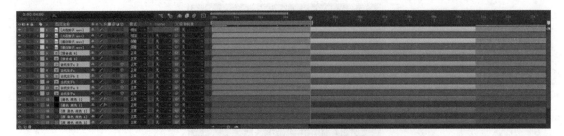

图 7 - 34　时间线（1）

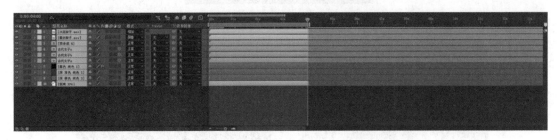

图 7 - 35　时间线（2）

项目扩展

课后练习：复古婚礼相册展示

效果示意如图 7 - 36 所示。

图 7 - 36　素材画面

主要步骤：

（1）制作背景，添加粒子效果，视频素材与工程大小进行匹配。

（2）分别导入婚纱图片，调节大小，与相框进行匹配。

（3）开启图层 3D 开关，制作相册 3D 图层动画。

（4）协调各个相册之间的位置、透明度、缩放动画。

项目名称	任务内容
任务讨论	本任务主要讲解 3D 图层的设置及应用，通过调整 3D 图层的 XYZ 位置、使用旋转的关键帧来制作动画，修改关键帧差值。
知识链接	1. 完成背景的制作和素材的导入，素材导入后，注意调整好比例和效果。 2. After Effects 合成设置"3D 渲染器"有 3 种方式。 3. CINEMA 4D 和光线追踪的 3D 这两种方式是更高级的 3D 功能，尤其是光线追踪的 3D，能直接设置厚度、编辑灯光材质等，是 After Effects 以后版本重要的更新内容。 4. 关键帧插值：①线性：一般对匀速运动的物体使用这种插值类型，线性插值在时间指示器窗口中的标志为 ◆。②贝塞尔曲线和连续贝塞尔曲线：这两种插值的标志都为 ▨，它们的区别在于贝塞尔曲线的手柄只能调整一侧的曲线，而连续贝塞尔曲线能调整两侧的曲线。
任务要求	1. 掌握 3D 图层的设置及应用。 2. 掌握调整 3D 图层 XYZ 的位置的方法、使用旋转的关键帧来制作动画的方法。 3. 掌握关键帧差值的修改方法。
任务实现	
任务总结	通过完成上述任务，你学到了哪些知识和技能？
课后思考	AE 与 3D 还能做出怎样的动画效果？
课堂笔记	

项目八

制作碧玉手镯卖点动画

能力目标

1. 掌握轨道遮罩用法。
2. 掌握扇形动画制作技巧。
3. 掌握字幕动画制作方法。

素养目标

1. 通过练习轨道遮罩，养成勤于思考的习惯。
2. 通过练习扇形动画和字幕动画，培养清晰的逻辑思考能力，提高审美能力。

项目分析

此项目通过制作多个变换动画使模特与产品很好地整合在一起，背景搭配光效粒子使画面更加鲜活，字幕动画展示了碧玉手镯产品的卖点，效果如图8-1~图8-3所示。

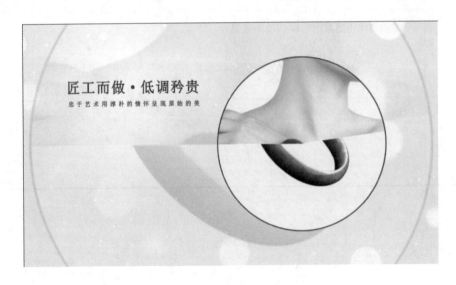

图8-1 合成画面（1）

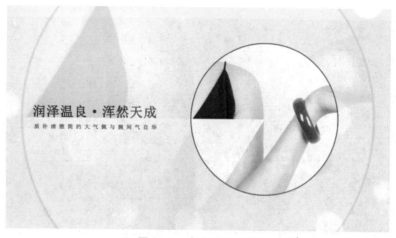

图 8 – 2　合成画面（2）

图 8 – 3　合成画面（3）

项目实战

任务一　制作第一个变换画面

知识链接

把一个形状或者一段文字对齐到画面正中央的方法：

首先需要进入窗口菜单，单击"对齐"命令，打开"对齐"面板，默认情况下，After Effects 会以文字、图形等图层的物理中心点为对齐点，而不是以它们图层的锚点为对齐点，如图 8 – 4 所示。

然后选中不在视图中心的文字图层或者形状图层，在"对齐"面板中依次单击"水平对齐"按钮 🔳 和"垂直对齐"按钮 🔳，被选中的文字或者图形就会对齐到画面中心。

After Effects 默认会将图层对齐到合成。但是当选中两个以上图层时，After Effects 默认将图层对齐到选区，这个选区就是这几个图层被连选后共同形成的区域。

图 8-4　文字居中

任务实施

步骤 1：新建合成

按快捷键"Ctrl + N"新建合成，设置名称为"模块七"，背景颜色为白色，如图 8-5 所示。

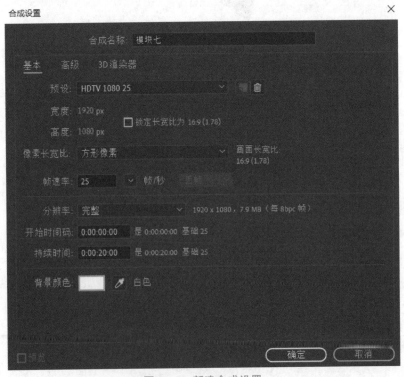

图 8-5　新建合成设置

步骤 2：创建圆形形状

在形状工具栏选择"椭圆工具"，如图 8-6 所示。

其填充颜色如图 8-7 所示。

描边像素为 6，颜色如图 8-8 所示。

按住"Shift"键绘制正圆，如图 8-9 所示。

图 8-6　形状工具

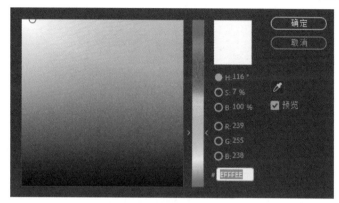

图 8-7　调色板（1）

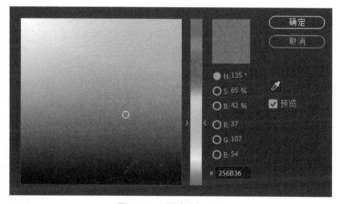

图 8-8　调色板（2）

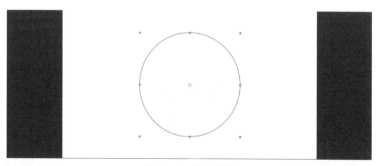

图 8-9　绘制圆形

将来要缩放动画，因此要使锚点在正中心，切换锚点工具 ，并勾选工具栏的"对齐"选项 。移动锚点到正中心，移动时会自动捕捉中心，如图 8-10 所示。

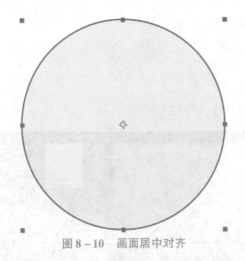

图 8 – 10　画面居中对齐

锚点移动好以后，要及时切换选区工具 ，然后使圆形在画面中居中。在"窗口"菜单栏中勾选"对齐"，选中形状层 1，执行"竖直对齐""水平对齐"，如图 8 – 11 和图 8 – 12 所示。

图 8 – 11　"窗口"菜单

图 8 – 12　"对齐"面板

圆形居中，如图 8 – 13 所示。

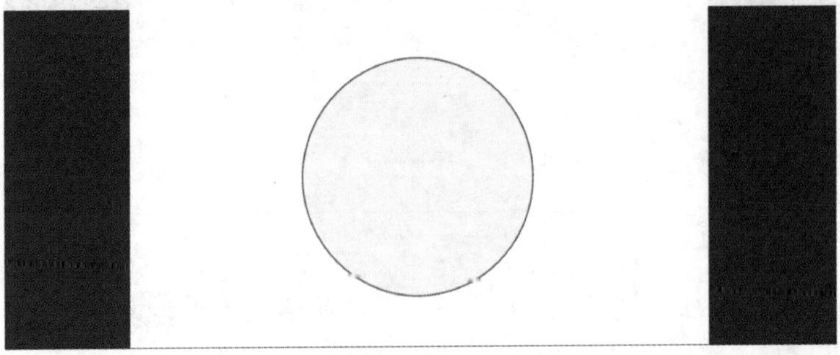

图 8 – 13　合成画面

步骤3：导入手镯，调好构图

按快捷键"Ctrl + I"导入手镯图片并添加到"时间轴"面板，再调整手镯和形状图层1的大小和位置，将手镯层的父级指定给形状图层1，如图8 – 14所示。

图8 – 14　父子级连接

步骤4：制作模特轨道遮罩

按快捷键"Ctrl + I"导入"模特a. png"并添加到"时间轴"面板，设置入点在"01：03"处，留出制作碧玉手镯出动画的时间。再选择形状图层1，按快捷键"Ctrl + D"复制一层，改名为"遮罩"，层顺序调到"模特a. png"层的上方，并修改"模特a. png"层的轨道遮罩为Alpha遮罩，如图8 – 15和图8 – 16所示。

图8 – 15　轨道遮罩（1）

图8 – 16　轨道遮罩（2）

调整"模特a. png"层的大小及位置，将时间指示器移动到"01：03"处，按"S"键设置缩放值为"102,102"，如图8 – 17所示。打开关键帧开关，生成关键帧。再将时间指示器移动到"03：02"处，按"S"键设置缩放值为"120,120"，自动生成关键帧。

步骤5：增加描边层

选择形状图层1，按快捷键"Ctrl + D"复制一层，改名为"描边"。层顺序调到遮罩层的上方。选中描边层，在工具栏单击"填充"，把填充关掉，如图8 – 18所示。

效果如图8 – 19所示。

步骤6：制作扇叶动画

选中遮罩层，按快捷键"Ctrl + D"复制一层，改名为"扇形"，层顺序调到"遮罩"层的上方，打开显示，如图8 – 20所示。

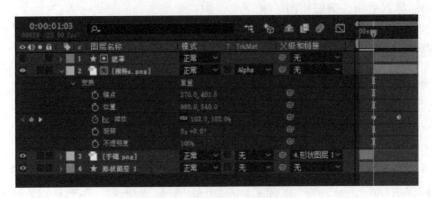

图 8-17 缩放关键帧

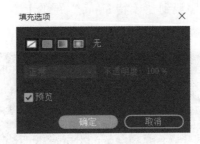

图 8-18 描边设置

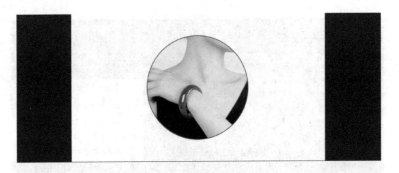

图 8-19 合成画面

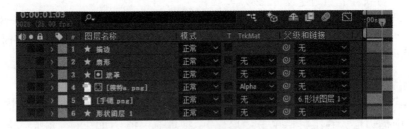

图 8-20 图层排序

在"扇形"层添加"径向擦除"效果,如图 8-21 所示。

将时间指示器移到"01:03"处,设置径向擦除的"起始角度"为"0x-90.0°","过渡完成"为"0%",并记录关键帧,如图 8-22 和图 8-23 所示。

图 8 – 21　选择"径向擦除"

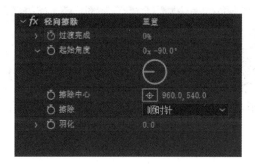

图 8 – 22　"径向擦除"效果控件

图 8 – 23　关键帧

　　将时间指示器移到"02:01"处，径向擦除的"过渡完成"调整为"100%"，如图 8 – 24 所示，这段动画时间大概 1 s，"扇形"层出点也要对齐到这儿，按快捷键"Alt +]"。

图 8-24　图层出点位置

按"空格"键预览动画，扇形动画制作完毕。

步骤 7：制作手镯的扇形动画

按快捷键"Ctrl + D"复制手镯层，并将层调到"扇形"层的上面，按快捷键"Alt + ["/
"Alt +]"调整该层的出/入点，如图 8-25 所示。

图 8-25　图层排序

该层同样添加"径向擦除"效果，调整"擦除中心"为"771,687"，使"擦除中心"
和"扇形"层的"擦除中心"尽量重合，起始角度为"0x-90.0°"，将时间指示器对齐到
入点"01:03"处，"过渡完成"为"0%"，记录关键帧，如图 8-26 所示。

图 8-26　关键帧位置

将时间指示器对齐到"02:01"处，"过渡完成"为"100%"，预览动画，如图 8-27
所示。

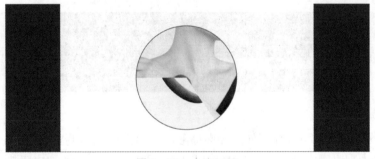

图 8-27　合成画面

任务二 制作第二个变换画面

知识链接

扇形动画的制作：

（1）执行"效果"→"过渡"→"径向擦除"菜单命令，或者在图层上右击，选择"效果"→"过渡"→"径向擦除"。

（2）调整"过渡完成""起始角度"都无法做出扇形沿顺时针转动消失的效果。扇形会越过起始位置，再向上转，转上去的部分是不需要显示的，因此可以做一个蒙版来解决。由于用的是形状图层，不能直接在上面画蒙版，所以需要预合成一下。

任务实施

步骤1：制作扇形动画

选择"扇形"层，按快捷键"Ctrl + D"复制，并将复制层"扇形2"暂时调到描边层的下面，时间指示器在"02:20"处，选择"扇形2"层，按"["键，将该层入点对齐到此，如图8-28所示。

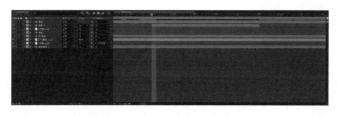

图8-28　图层入点

步骤2：调整出扇形并顺时针旋转

删除其擦除效果关键帧，时间指示器在"02:20"时，调整效果"径向擦除"过渡完成为"100%"，起始角度为"0x-90.0°"，并记录关键帧，擦除选择"逆时针"，如图8-29所示。

移动时间指示器到"03:21"帧，调整效果"径向擦除"起始角度为"0x-90.0°"，"过渡完成"为"0%"，预览动画，如图8-30所示。

步骤3：制作扇形起始动画

选中扇形层2，按快捷键"Ctrl + D"复制一层，为扇形层4。选中扇形层4，移动时间指示器到"02:20"帧，这时径向擦除的"过渡完成"为"100%"，起始角度为"0x-105.5°"，记录关键帧。将时间指示器放到"03:00"处，将"过渡完成"改为"67%"，再将时间指示器放到"03:20"处，起始角度为"0x+273°"，形成扇形层动画，如图8-31所示。

步骤4：制作扇形结束动画

选择扇形2，按快捷键"Ctrl + Shift + C"建立预合成，弹出面板，按如图8-32所示进行设置。

图 8 - 29   径向擦除属性（1）

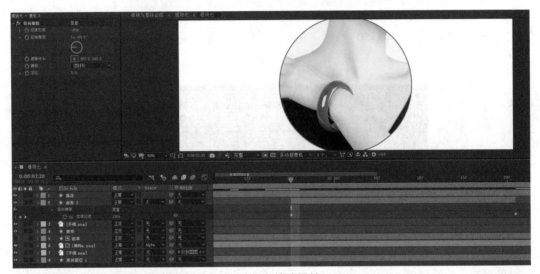

图 8 - 30   径向擦除属性（2）

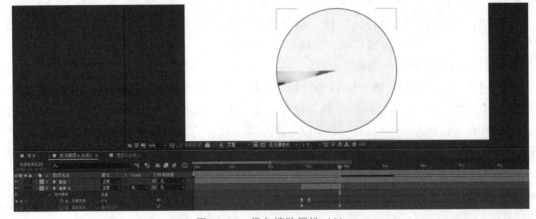

图 8 - 31   径向擦除属性（3）

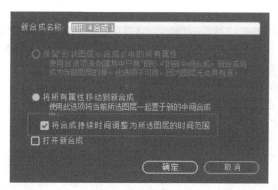

图 8 - 32　预合成设置

移动时间指示器观察，在"03:10"处，扇形区域只出现在下半部分，在此按快捷键"Ctrl + Shift + D"拆分图层，如图 8 - 33 所示。

图 8 - 33　拆分图层

选择工具箱中的矩形工具，在拆分的后半段画矩形蒙版，如图 8 - 34 所示。

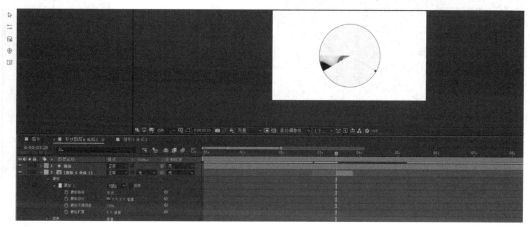

图 8 - 34　绘制形状蒙版

预览观察，扇形顺时针转动至消失动画完成。

步骤 5：添加第二段模特

按快捷键"Ctrl + I"导入"模特 b. png"并添加到"时间轴"面板，设置入点在"02:20"处，再选择"遮罩"层，按快捷键"Ctrl + D"复制一层，层顺序调到"模特 b. png"层的上方，如图 8 - 35 所示。

调整"模特 b. png"层的大小及位置，将时间指示器移动到"02:20"处，选中"模特 b. png"图层，按"S"键打开缩放属性，按快捷键"Shift + P"，同时打开"缩放"和"位置"两个属性，设置缩放值为"100,100"，位置为"960,540"，如图 8 - 36 所示。打开两个属性的关键帧开关，生成关键帧，再将时间指示器移动到"05:05"处，设置缩放值为"120,120"，位置为"894,540"自动生成关键帧。

图 8 - 35　调整图层

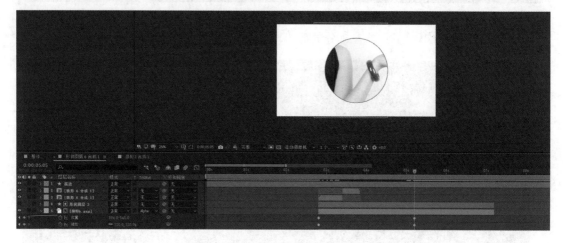

图 8 - 36　关键帧动画

任务三　制作第三个变换画面

知识链接

本任务同任务二一样，完成第三个变换画面的制作。

任务实施

步骤 1：复制扇形

连选"扇形 4 合成 1"两个图层，按快捷键"Ctrl + D"复制，并将这两个图层拖到"描边"层下，如图 8 - 37 所示。

图 8－37　复制图层

步骤2：对齐时间指示器

将时间指示器移动到"05:02"帧，将这三层移动到此，如图8－38所示。

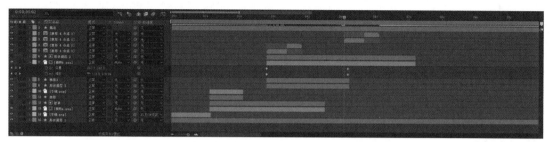

图 8－38　图层时间线排序

步骤3：添加第三段模特

导入"模特 c. png"并加到"时间轴"面板，放到"扇形"层下，如图8－39所示。

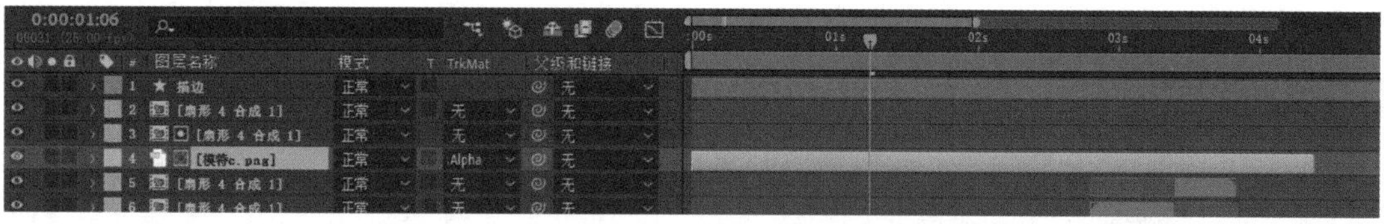

图 8－39　添加图层

选择"遮罩"层，按快捷键"Ctrl + D"复制，将复制的遮罩层拖到"模特 c. png"层的上方，把"模特 c. png"层的轨道遮罩改为 Alpha，如图8－40所示。

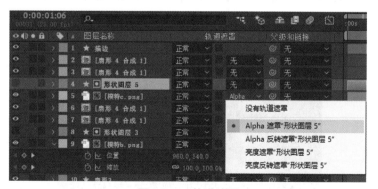

图 8－40　轨道遮罩

将时间指示器移到"05:02"帧，选择"模特 c. png"层、"遮罩"层，按"［"键，对齐到时间指示器，第三段模特添加完毕，如图8－41所示。

图 8 – 41　图层入点位置

任务四　制作整体变换层动画

知识链接

显示关键帧:

接下 "U" 键，可以展开所有设过关键帧的属性；按下 "U" 键两次，可以展开所有修改过设置的属性。

任务实施

步骤1: 建立预合成

在 "时间轴" 窗口中，按快捷键 "Ctrl + A" 选择所有的图层，如图 8 – 42 所示。

图 8 – 42　预合成

执行 "图层" → "预合成" 菜单命令，设置新合成名称为 "整体"，如图 8 – 43 所示。

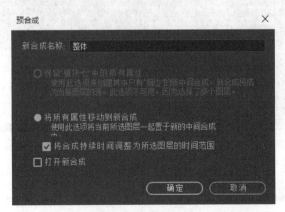

图 8 – 43　预合成面板

这样即生成一个预合成层，如图 8 - 44 所示。

图 8 - 44　预合成层

步骤 2：制作"整体"层动画效果

将时间指示器移动到"00:00"帧，按"S"键打开缩放属性，设置缩放值为"0,0"，单击"缩放"前面的关键帧记录器 ，创建一个关键帧，如图 8 - 45 所示。

图 8 - 45　缩放关键帧（1）

将时间指示器移动到"00:06"帧，设置缩放值为"110,110"，如图 8 - 46 所示。

图 8 - 46　缩放关键帧（2）

将时间指示器移动到"00:09"帧，设置缩放值为"105,105"，如图 8 - 47 所示。

图 8 - 47　缩放关键帧（3）

将时间指示器移动到"00:18"帧，按"P"键打开位置属性，单击"位置"前面的关键帧记录器 ，创建一个关键帧，如图 8 - 48 所示。

图 8 - 48　位置关键帧（1）

将时间指示器移动到"01:00"帧，设置位置值为"1289,540"，如图 8 - 49 所示。

图 8 - 49　位置关键帧（2）

将时间指示器移动到 "04:05" 帧,按 "U" 键打开关键帧属性,设置缩放值为 "95,95",如图8-50所示。

图8-50 缩放关键帧(4)

将时间指示器移动到 "04:20" 帧,单击位置前面的 图标,添加关键帧属性,如图8-51所示。

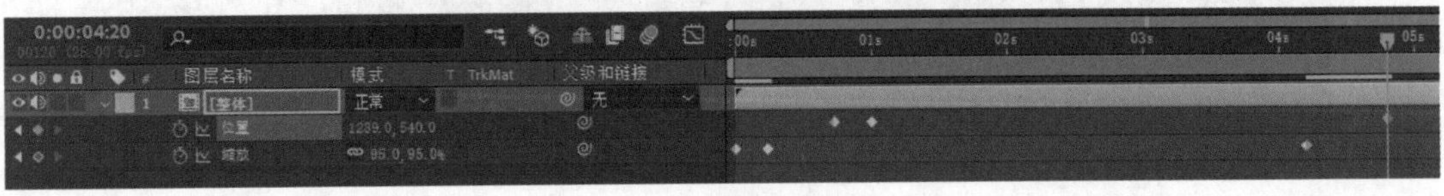

图8-51 位置关键帧(3)

将时间指示器移动到 "05:02" 帧,设置位置值为 "570,540",如图8-52所示。

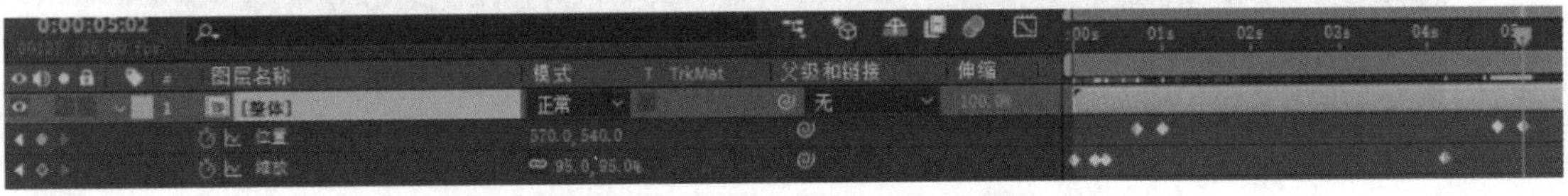

图8-52 位置关键帧(4)

由此,该图的缩放及位移动画产生,按 "空格" 键预览动画。

步骤3:制作背景效果

选择 "整体" 层,按快捷键 "Ctrl + D" 复制一层,修改名称为 "背景层",并拖动其位置到 "整体" 层下方,如图8-53所示。

图8-53 复制图层

选择 "背景层",将时间指示器移动到 "00:00" 帧,按 "P" 键打开位置属性,单击 "位置" 前面的关键帧记录器 ,删除位置关键帧,如图8-54所示。

图8-54 调整图层属性

选择"图层"→"新建"→"背景"菜单命令或按快捷键"Ctrl + Y"新建一个纯色层，将"名称"改为白色，如图 8 - 55 所示。

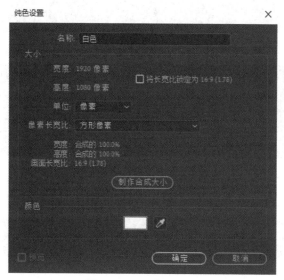

图 8 - 55　纯色层设置

拖动"白色"层到"时间轴"面板最下方，如图 8 - 56 所示。

图 8 - 56　调整图层排序

单击"背景层"右侧的◎图标到"白色"层，创建父子关系，如图 8 - 57 所示。

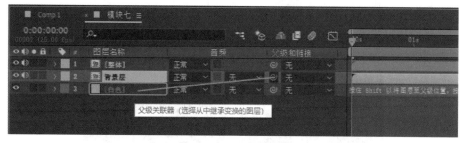

图 8 - 57　父子级连接

选择"白色"层，按"S"键打开缩放属性，设置缩放值为"240,240"，单击图层前面的◎图标，隐藏该图层，如图 8 - 58 所示。

选择"背景层"，按"T"键打开不透明度属性，设置不透明度为"0%"，将时间指示器移动到"00:18"帧，单击"不透明度"前面的关键帧记录器🕐，创建一个关键帧，如图 8 - 59 所示。

图 8-58　缩放属性

图 8-59　不透明度关键帧

将时间指示器移动到"01:09"帧，设置不透明度为"16%"，如图 8-60 所示。

图 8-60　不透明度关键帧

由此，背景层的动画效果产生，按"空格"键预览动画。

任务五　制作碧玉手镯卖点字幕动画

知识链接

本任务的主要工作是完成字幕动画，要注意每个字幕出现的间隔时间，把握动画节奏。

任务实施

步骤1：添加文字

选择工具栏里的横排文字工具 T ，在合成窗口单击，输入"匠工而做·低调矜贵　忠于艺术用淳朴的情怀呈现原始的美"。在右侧的"字符"面板设置其"字体"为宋体，字体大小如图 8-61 所示，"颜色"为墨绿色（R:6,G:57,B:6），如图 8-62 所示。

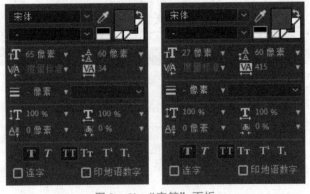

图 8-61　"字符"面板

图 8 – 62　颜色设置

在"段落"面板里选择"右对齐",如图 8 – 63 所示。

图 8 – 63　"段落"面板

步骤 2：文字设置

展开该层的"变换"属性,将"位置"设置为"921,361",如图 8 – 64 所示。

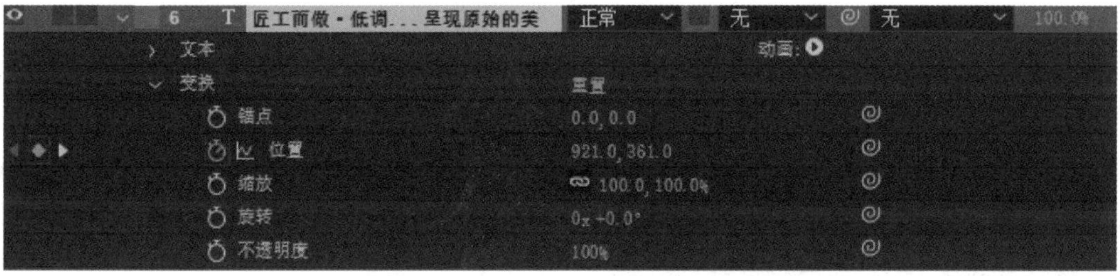

图 8 – 64　文字属性

拖动文字层到"时间轴"面板的最下方,将时间指示器移动到"00:18"帧,按快捷键"Alt + ［",剪切文字层的入点与时间指示器对齐,如图 8 – 65 所示。

图 8 – 65　图层入点

步骤 3：制作文字动画

单击"位置"前面的关键帧记录器，创建一个关键帧,将时间指示器移动到"01:00"帧,设置位置属性为"844,281",如图 8 – 66 所示。

图 8 - 66　位置关键帧

将时间指示器移动到 "02:20" 帧，设置位置属性为 "794,374"，按快捷键 "Alt +]"，剪切文字层的出点与时间指示器对齐，如图 8 - 67 所示。

图 8 - 67　位置关键帧

由此，该文字的位移动画产生，按 "空格" 键预览动画效果。

步骤 4：制作第 2 个文字效果

选择 "匠工而做·低调矜贵　忠于艺术用淳朴的情怀呈现原始的美" 文字层，按快捷键 "Ctrl + D" 复制一层，修改内容为 "润泽温良·浑然天成　质朴清雅简约大气佩与腕间气自华"。按 "P" 键打开位置属性，单击 "位置" 前面的关键帧记录器，删除原有的关键帧，将时间指示器移动到 "02:20" 帧，设置位置属性为 "1218,559"，拖动该轨道使其与时间指示器对齐，如图 8 - 68 所示。

图 8 - 68　文字图层属性

单击 "位置" 前面的关键帧记录器，创建一个关键帧，将时间指示器移动到 "03:02" 帧，设置位置属性为 "786,507"，如图 8 - 69 所示。

图 8 - 69　位置关键帧

将时间指示器移动到 "05:02" 帧，设置位置属性为 "782,642"，按快捷键 "Alt +]"，剪切文字层的出点与时间指示器对齐，如图 8 - 70 所示。

图 8 - 70　位置关键帧

由此，该文字的位移动画产生，按 "空格" 键预览动画效果。

步骤 5：制作第 3 个文字效果

选择 "润泽温良·浑然天成　质朴清雅简约大气佩与腕间气自华" 文字层，按快捷键 "Ctrl + D" 复制一层，修改内容为 "质·色·润·承　细腻上乘 饱满厚实 光泽灿烂 凝聚温情"，修改文字对齐方式为 "左对齐"，如图 8 - 71 所示。

图 8 - 71　"段落" 面板

单击 "位置" 前面的关键帧记录器 ![icon]，删除原有的关键帧，将时间指示器移动到 "05:02" 帧，设置位置参数为 "906,559"，拖动该轨道使其与时间指示器对齐，如图 8 - 72 所示。

图 8 - 72　文字图层属性

将时间指示器移动到 "05:09" 帧，设置位置属性为 "1064,451"，如图 8 - 73 所示。

图 8 - 73　位置关键帧

将时间指示器移动到 "08:05" 帧，设置位置属性为 "1083,566"，按快捷键 "Alt +]"，剪切文字层的出点与时间指示器对齐，如图 8 - 74 所示。

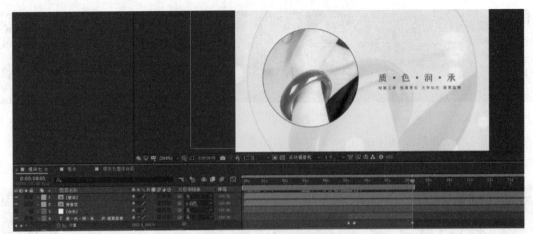

图 8 - 74　图层出点位置

由此，该文字的位移动画产生，按"空格"键预览动画效果。

任务六　添加辅助元素

知识链接

本任务的主要工作是添加辅助元素，辅助元素主要起到烘托氛围、修饰画面的作用。

任务实施

步骤 1：制作背景

执行"图层"→"新建"→"背景"菜单命令，或按快捷键"Ctrl + Y"新建一个纯色层，将"名称"改为"底层背景"，如图 8 - 75 所示。

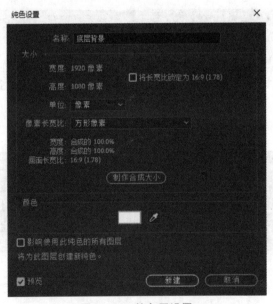

图 8 - 75　纯色层设置

在"底层背景"层右击，选择"效果"→"生成"→"梯度渐变"命令，调整"渐变起点""起始颜色"为白色、"渐变终点""结束颜色"为灰色（R:212,G:212,B:212），并将"渐变形状"改为"径向渐变"，如图8-76所示。

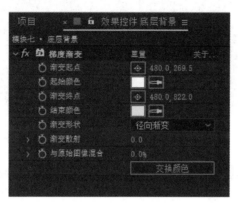

图8-76　梯段渐变效果控件

得到一个中间到边缘由亮到灰的背景，如图8-77所示。拖动底层背景到"时间轴"面板最下方。

图8-77　合成画面

步骤2：添加光斑装饰

在"项目"窗口中选择"大光斑.mov"素材，拖动到下方的"时间轴"面板中"底层背景"的上方，设置"模式"值为"相加"，选择椭圆工具，按产品范围创建蒙版，调整蒙版大小及位置，设置"蒙版羽化"值为"457,457"，勾选"反转"，让光斑不要叠加在产品上，如图8-78和图8-79所示。

步骤3：添加粒子装饰

在"项目"窗口中选择"小粒子.mov"素材，拖动到下方的"时间轴"窗口，设置"模式"值为"相加"，如图8-80所示，这样就完成了背景辅助元素的添加，按"空格"键预览动画效果。

图 8 – 78 蒙版属性

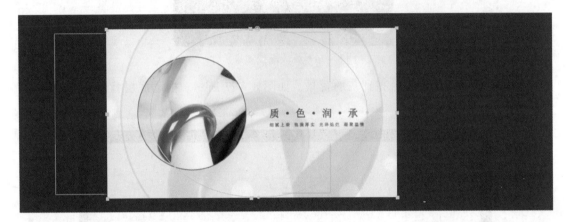

图 8 – 79 合成画面

图 8 – 80 合成画面

项目扩展

　　课后练习：珠宝卖点展示

　　效果示意如图 8 - 81 所示。

图 8 - 81　效果示意图

主要步骤：

（1）创建圆形形状，导入素材图片，调节大小进行匹配。

（2）制作扇叶动画，创建预合成，便于素材整理。

（3）根据主题产品特点添加字幕动画。

项目名称	任务内容
任务讨论	本任务主要讲解轨道遮罩用法、扇形动画制作技巧、字幕动画制作方法。
知识链接	1. 把一个形状或者一段文字对齐到画面正中央：首先需要进入窗口菜单，单击"对齐"命令，打开"对齐"面板，默认情况下，After Effects 会以文字、图形等图层的物理中心点为对齐点，而不是以它们图层的锚点为对齐点。 2. 扇形动画的制作： （1）执行"效果"→"过渡"→"径向擦除"菜单命令，或者在图层上右击，选择"效果"→"过渡"→"径向擦除"。 （2）通过调整"过渡完成""起始角度"都无法做出扇形沿顺时针转动消失的效果，扇形会越过起始位置，再向上转，转上去的部分是不需显示的，因此可以做一个蒙版来解决。由于用的是形状图层，不能直接在上面画蒙版，所以需要预合成一下。 3. 显示关键帧： 接下"U"键，可以展开所有设过关键帧的属性；按下"U"键两次，可以展开所有修改过设置的属性。
任务要求	1. 掌握轨道遮罩用法。 2. 掌握扇形动画制作技巧。 3. 掌握字幕动画制作方法。
任务实现	
任务总结	通过完成上述任务，你学到了哪些知识和技能？
课后思考	
课堂笔记	

项目九

增加模特演绎、LOGO画面

能力目标

1. 掌握蒙版使用技巧。
2. 掌握文字动画制作技巧。
3. 掌握 LOGO 划光动画的另一种制作方法。

素养目标

1. 通过练习文字动画，提高自学能力。
2. 通过划光动画，培养清晰的逻辑思考能力。

项目分析

此项目通过模特展示手镯的视频结合文字动画，清晰地展示了碧玉手镯产品的内涵，背景搭配光效粒子使画面更加生动，通过模特演绎视频，展示了碧玉手镯产品的高端定位。效果如图 9 – 1 ~ 图 9 – 3 所示。

图 9 – 1　合成画面（1）

图 9 - 2　合成画面（2）

图 9 - 3　合成画面（3）

项目实战

任务一　处理模特演绎视频

知识链接

（1）本任务的工作主要是将模特演绎视频和 logo 照片加入，设置简单的动画并处理好文字的动画，操作难度较小，注意把握好整体效果。

（2）"伸缩"面板显示方法：如果在时间指示器面板上找不到"伸缩"属性，可在此栏右击 ▉ # 源名称　　　　单 ◆ ＼ 𝑓𝑥 ▣ ◎ ◎ ⬚　父级和链接 ▉，选择"列数"→"开关"，如图 9 - 4 所示。

（3）改变素材的放映速度的方法：一是修改"持续时间"；二是选择层，右击，选择"启用时间重映射"，如图 9 - 5 所示。

图 9－4　隐藏项　　　　　　　　　　　　　图 9－5　时间重映射

任务实施

步骤 1：新建合成

按快捷键"Ctrl + N"新建合成，设置"合成名称"为"模块八"，"预设"设置为 HDTV 1080 25，单击"确定"按钮，如图 9－6 所示。

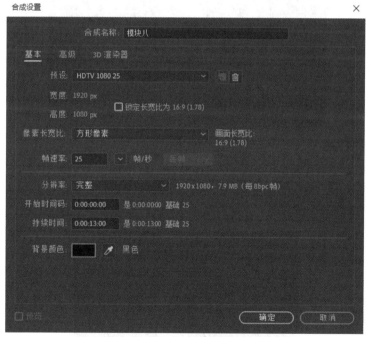

图 9－6　合成设置

步骤 2：导入素材

在"项目"窗口空白处右击，选择"导入"→"文件"命令或按快捷键"Ctrl + I"，导入所有素材文件，如图 9－7 所示。

图 9-7　项目面板

步骤 3：制作背景

执行"图层"→"新建"→"背景"菜单命令或按快捷键"Ctrl + Y"，新建一个纯色层，将"名称"改为"淡灰色背景"，如图 9-8 所示。

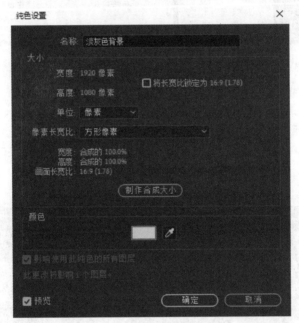

图 9-8　纯色层设置

在"淡灰色背景"层上右击，选择"效果"→"生成"→"梯度渐变"，调整"渐变起点""起始颜色"为白色、"渐变终点""结束颜色"为灰色（R:212,G:212,B:212），并将"渐变形状"改为"径向渐变"，如图 9-9 所示。

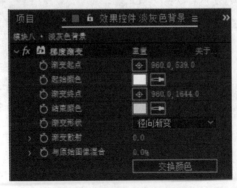

图 9-9　梯度渐变效果控件

得到一个中间到边缘由亮到灰的背景，如图 9 - 10 所示。

图 9 - 10　合成画面

步骤 4：导入模特演绎视频，并调整画面

将"项目"面板中的"模特演绎视频.mp4"素材拖曳到"时间轴"面板里，单击该图层前面的小三角图标，调整位置参数为"899,438"，缩放参数为"167,167"，如图 9 - 11 所示；选中图层并右击，添加"曲线"效果，调整曲线，增加画面亮度，如图 9 - 12 和图 9 - 13 所示。

图 9 - 11　视频属性

选择"模特演绎视频.mp4"图层，选择椭圆工具，在画面左上角位置处绘制一个椭圆形的蒙版，选择移动工具，在椭圆形上双击，出现控制框，调整蒙版的大小及位置，如图 9 - 14 所示。

打开"模特演绎视频.mp4"图层蒙版前面的小三角图标，设置"蒙版羽化"为"180，180"，将时间指示器移动到"04:06"帧，按快捷键"Alt + ["，将当前层的入点与时间指示器对齐，如图 9 - 15 所示；选中"模特演绎视频.mp4"层，将时间指示器移动到"00:00"处，按"["键，将视频入点与时间指示器对齐，如图 9 - 16 所示。

移动时间指示器到"05:18"处，按快捷键"Ctrl + Shift + D"拆分图层，如图 9 - 17 所示。

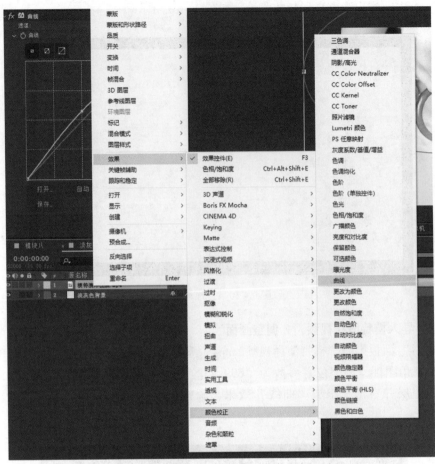

图 9 – 12　曲线效果

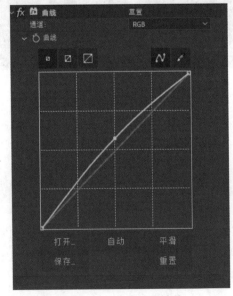

图 9 – 13　曲线效果控件

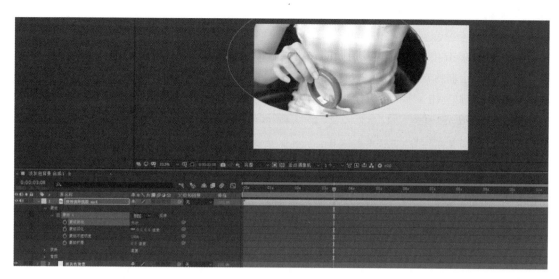

图 9 – 14　蒙版属性

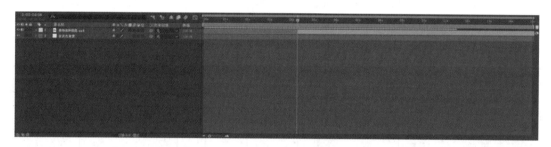

图 9 – 15　视频剪切（1）

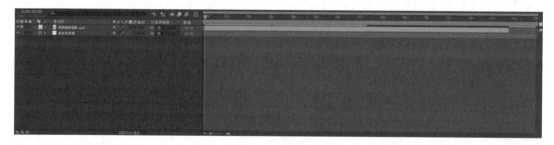

图 9 – 16　视频剪切（2）

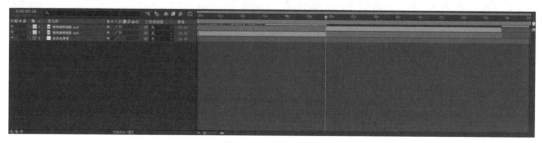

图 9 – 17　拆分图层

步骤5：制作下层模特演绎视频动画

选中下层"模特演绎视频.mp4"图层变换前面的小三角图标，将时间指示器移动到"02:00"帧，单击"不透明度"前面的关键帧记录器![记录器]，创建一个关键帧，如图9-18所示。将时间指示器移动到"03:00"帧，设置不透明度属性为"0%"，图片的不透明度动画产生，按快捷键"Alt+]"将下层出点与时间指示器对齐，按"空格"键预览动画效果。

图9-18　关键帧设置

步骤6：调整第二段视频画面

将时间指示器放至"02:00"，选中上层"模特演绎视频.mp4"，按"["键将图层入点与时间指示器对齐，如图9-19所示。将时间指示器移动到"05:00"处，按快捷键"Alt+]"，将出点与时间指示器对齐，如图9-20所示。

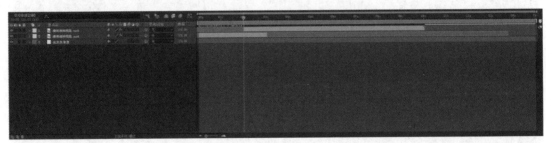

图9-19　图层排序

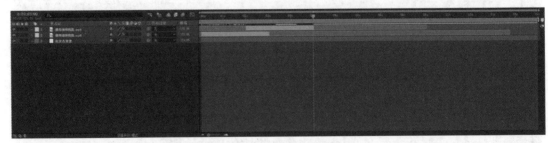

图9-20　图层出点位置

步骤7：制作上层模特演绎动画

选中上层"模特演绎视频.mp4"图层变换前面的小三角图标，将时间指示器移动到"02:00"帧，单击"不透明度"前面的关键帧记录器![记录器]，创建一个关键帧，修改不透明度数值为"0%"，将时间指示器移动到"03:00"帧，设置不透明度属性为"100%"，图片的不透明度动画产生，按"空格"键预览动画效果，如图9-21所示。

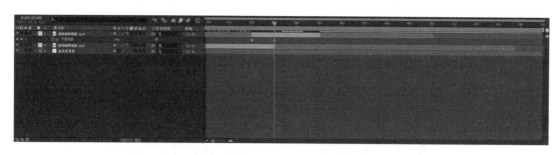

图 9 - 21 不透明度关键帧

步骤 8：添加大光斑辅助元素

在"项目"面板中选择"大光斑.mov"素材，拖动到下方的"时间轴"面板，设置"模式"值为"相加"，将时间指示器移动到"00:00"帧，拖动视频的入点与时间指示器对齐，如图 9 - 22 所示。

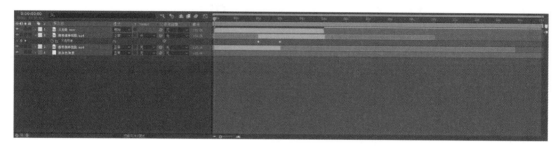

图 9 - 22 添加大光斑图层

步骤 9：添加小粒子辅助元素

在"项目"面板中选择"小粒子.mov"素材，拖动到下方的"时间轴"窗口，设置"模式"值为"相加"，将时间指示器移动到"00:00"帧，拖动视频的入点与时间指示器对齐，如图 9 - 23 所示。

图 9 - 23 添加小粒子图层

步骤 10：创建文字

选择横排文字工具，按快捷键"Ctrl + T"，在画面中单击创建一个文字层，输入内容"致所亲 祈愿父母 身体健康"，设置字体为"方正幼线简体"，"致所亲"文字大小为 100，"祈愿父母 身体健康"文字大小为 47，颜色为（R:6,G:57,B:1），如图 9 - 24 ~ 图 9 - 26 所示。

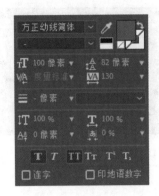

图 9－24 "字符"面板（1）　　　图 9－25 "字符"面板（2）

图 9－26 合成画面

步骤 11：制作文字动画

选择"致所亲 祈愿父母 身体健康"文本层，将时间指示器移动到"00:00"帧，按快捷键"Alt +〔"，将文本层的入点与时间指示器对齐，如图 9－27 所示。

图 9－27 文字动画

执行"动画"→"动画文本"→"字符间距"，设置"字符间距大小"为"－3"，单击"字符间距大小"前面的关键帧记录器 ，创建一个关键帧，如图 9－28 所示。将时间指示器移动到"03:00"帧，设置字符间距大小为"5"，文字间距动画产生，按"空格"键预览动画效果。

选中文字层，按快捷键"Ctrl + D"复制一层，双击新文字层，更改文字为"致所爱 执子之手 与子偕老"，将时间指示器移动至"02:00"处，按"T"键打开不透明度，将数值

— 174 —

改为"0%"，单击关键帧记录器，自动生成关键帧后，将时间指示器移动至"03：00"处，修改不透明度数值为"100%"，自动生成关键帧，按"空格"键预览动画，如图9-29所示。

图 9-28　字符间距关键帧

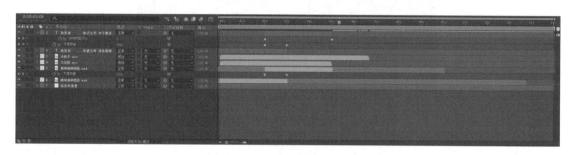

图 9-29　不透明度关键帧

任务二　添加 LOGO 演绎画面

知识链接

为了扩展思路，本任务中的划光动画采用了另一种方法制作，也可以参考"项目二"中"任务四"的操作步骤完成制作。

任务实施

步骤1：制作白色背景

执行"图层"→"新建"→"背景"菜单命令或按快捷键"Ctrl + Y"，新建一个纯色层，将"名称"改为"白色背景"，如图9-30所示。

步骤2：添加背景不透明度动画

选择"白色背景"图层，将时间指示器移动到"05：00"帧，按快捷键"Alt + ["，剪切视频的入点与时间指示器对齐，按"T"键打开不透明度属性，设置不透明度为"0%"，单击"不透明度"前面的关键帧记录器，创建一个关键帧，如图9-31所示。将时间指示器移动到"05：15"帧，设置不透明度为"100%"，该图层的透明动画产生，按"空格"键预览动画效果。

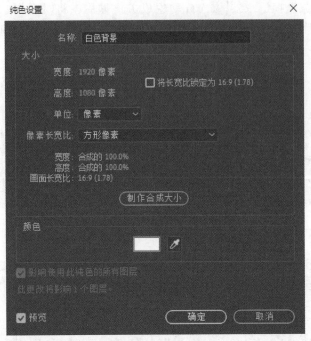

图 9 - 30 纯色层设置

图 9 - 31 不透明度动画

步骤 3：加入 LOGO

在"项目"面板中选择"映时.png"素材，拖动到下方的"时间轴"面板，将时间指示器移动到"05:00"帧，按快捷键"Alt + ["，剪切视频的入点与时间指示器对齐，如图 9 - 32 和图 9 - 33 所示。

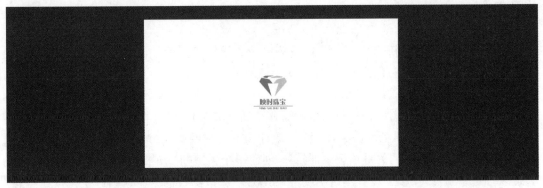

图 9 - 32 合成画面

图 9 – 33　图层出/入点

在当前层上右击，选择"效果"→"颜色校正"→"曲线"命令，适当向上调整曲线，使 LOGO 提亮，如图 9 – 34 所示。

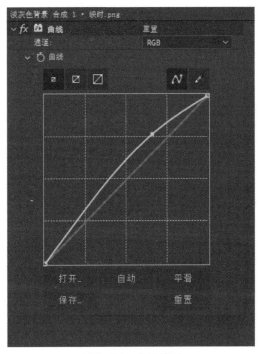

图 9 – 34　曲线控制

步骤 4：制作 LOGO 缩放、透明度动画

将时间指示器移动到"05：00"帧，按"S"键打开该图层的缩放属性，设置缩放参数为"87,87"，单击"缩放"前面的关键帧记录器 ⬛，创建一个关键帧，将时间指示器移动到"05：15"帧，设置缩放参数为"57,57"，该图层的缩放产生，如图 9 – 35 所示。

图 9 – 35　缩放关键帧

将时间指示器移动到 "05：00" 帧, 按 "T" 键打开该图层的不透明度属性, 设置不透明度参数为 "0%", 单击 "不透明度" 前面的关键帧记录器 , 创建一个关键帧, 将时间指示器移动到 "05：15" 帧, 设置不透明度参数为 "100%", 该图层的不透明度动画产生, 按 "空格" 键预览动画, 如图 9 − 36 所示。

图 9 − 36　不透明度关键帧

步骤 5：制作 LOGO 划光动画

执行 "图层" → "新建" → "背景" 菜单命令或按快捷键 "Ctrl + Y", 新建一个纯色层, 将 "名称" 改为 "白色光线", 如图 9 − 37 所示。

图 9 − 37　纯色层设置

选择 "白色光线" 图层, 将时间指示器移动到 "05：07" 帧, 按快捷键 "Alt + 〔", 剪切视频的入点与时间指示器对齐, 如图 9 − 38 所示。

图 9 − 38　图层入点位置

选择矩形工具, 在画面中绘制一个长方形的蒙版, 如图 9 − 39 所示。

选择选取工具, 在蒙版上双击, 出现控制框, 调整蒙版的位置和方向, 如图 9 − 40 所示。

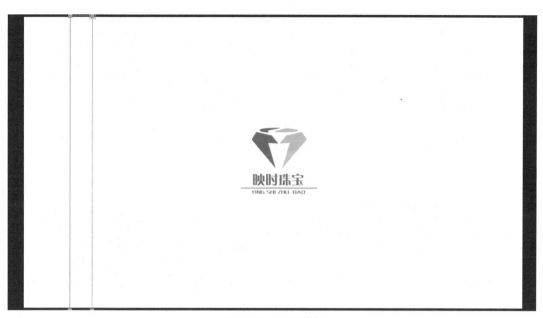

图 9 – 39　绘制蒙版

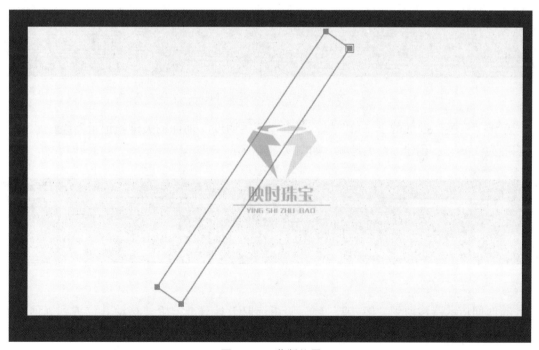

图 9 – 40　蒙版位置

打开"白色光线"前面的小三角，设置"蒙版羽化"值为"26,26"，设置"白色光线"图层的"模式"为"相加"，如图 9 – 41 所示。

拖动父级关联器到下方图层，使其与下方图层产生父子关系，如图 9 – 42 所示。

将时间指示器移动到"05:07"帧，单击"蒙版路径"前面的关键帧记录器 ⏱，创建一个关键帧，如图 9 – 43 所示。

图 9－41　蒙版属性

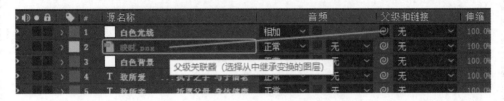

图 9－42　父级关联器

图 9－43　蒙版关键帧（1）

单击"变换"前面的小三角图标，单击"不透明度"前面的关键帧记录器，设置不透明度为"0%"，创建一个关键帧，如图 9－44 所示。

图 9－44　蒙版关键帧（2）

将时间指示器移动到"07:02"帧，使用选取工具双击蒙版并移动其位置到画面右下方，如图 9－45 所示。

打开该图层的"不透明度"属性，设置不透明度为"100%"，创建一个关键帧，如图 9－46 所示。

选择"映时.png"图层，按快捷键"Ctrl＋D"复制一层，修改名称为"光线 logo"，拖动到"时间轴"窗口的最上方，设置"白色光线"层的轨道遮罩为"Alpha 遮罩'光线 logo'"，隐藏"光线 logo"图层前面的眼睛图标，如图 9－47 所示。

由此，光线的位移及透明动画产生，按"空格"键预览动画。

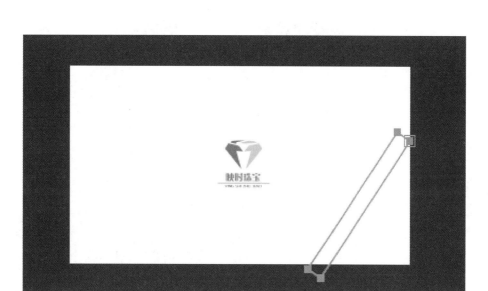

图 9 – 45　蒙版位置

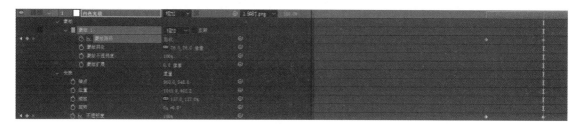

图 9 – 46　不透明度关键帧

图 9 – 47　轨道遮罩

项目扩展

课后练习：美容产品图文宣传介绍

效果示意如图 9 – 48 所示。

图 9 – 48 素材画面

主要步骤：

（1）制作素材背景，创建纯色图层，调整颜色。

（2）导入素材图片，调节大小，黑白色素材调节制作对比效果。

（3）制作遮罩变形动画，根据产品卖点添加文字动画。

项目名称	任务内容
任务讨论	本任务主要讲解文字动画制作技巧，LOGO 划光动画的另一种制作方法。
知识链接	1. 为扩展大家思路，本任务中的划光动画采用了另一种方法制作。 2. 本任务的工作主要是将模特演绎视频和 LOGO 照片加入，设置简单的动画，并处理好文字的动画，操作难度较小。注意把握好整体效果。 3. "伸缩" 面板如何显示。 4. 改变素材的放映速度的方法：一是修改 "持续时间"；二是选择层，右击，选择 "启用时间重映射"。
任务要求	1. 掌握蒙版使用技巧。 2. 掌握文字动画制作技巧。 3. 掌握 LOGO 划光动画的另一种制作方法。
任务实现	
任务总结	
课后思考	
课堂笔记	

项目十

整体合成输出

能力目标

1. 掌握工程文件的导出方式。
2. 掌握渲染输出设置、文件格式、压缩编码、质量控制的方法。
3. 掌握整理工程、打包素材的方法。

素养目标

1. 通过整理工程，养成严谨的学习态度。
2. 掌握视频渲染技巧，养成清晰的逻辑思维能力。

项目分析

整个项目采用的是先分着做，再整合，这样做，各部分占的软件资源不大，也可以一开始就在一个工程里制作，利用预合成区分各部分，这样不用做最后的拼合，各有好处，可以尝试。

到这里，前面项目已经做完，现在需要将各部分合成在一起，新建一个工程，像导入素材一样导入工程文件再拼合。最后整理工程，去掉没有使用的素材，打包好工程。

项目实战

任务一 整合前面的 8 个模块

知 识 链 接

After Effects 图层自动排列的方法：

（1）按住"Shift"键，根据情况选中自己想要自动排列的图层，执行"动画"→"关键帧辅助"→"序列图层"菜单命令，如图 10-1 所示，系统会根据选择图层的顺序进行自动排列。

（2）持续时间是指每个图层之间重叠的时间。如果需要图层衔接出现，则不需要调整，直接单击"确定"按钮即可。如果需要图层堆叠出现，则可以更改持续时间。

图 10 – 1　序列图层

任务实施

步骤 1：导入工程文件

按快捷键 "Ctrl + I"，分别导入前 8 个模块的 After Effects 工程文件，后缀名为 . aep，第二和三模块之前已经整合，只导入第三模块即可，其他模块正常导入，如图 10 – 2 所示。

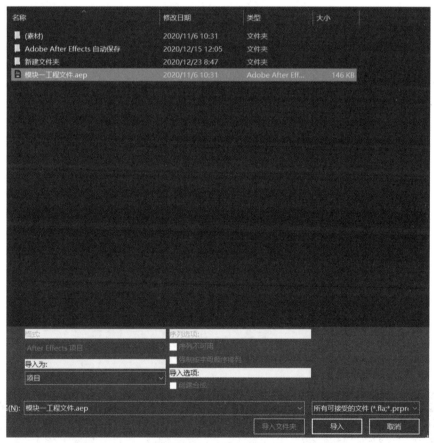

图 10 – 2　导入文件

导入后，"项目" 面板如图 10 – 3 所示。

步骤 2：新建 "模块九整体合成"

按快捷键 "Ctrl + N" 新建合成，参数如图 10 – 4 所示。

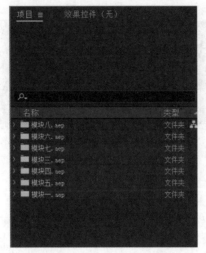

图 10-3 "项目"面板

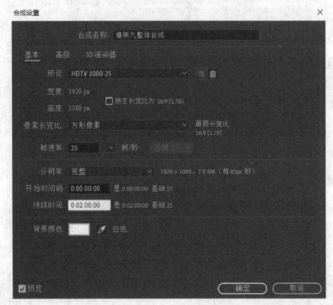

图 10-4 合成设置

将 7 个模块的合成拖入时间线面板，如图 10-5 所示。

图 10-5 时间线面板（1）

步骤3：各合成层删除多余

按快捷键"Alt+]"，设置模块八层出点为06:06，模块七层出点为08:05，模块六层出点为04:00，模块五层出点为14:02，模块四层出点为03:14，模块二层出点为07:08，模块一层出点为01:19，如图10-6所示。

图10-6　时间线面板（2）

当在模块九里找各合成层的出点不好找时，可以双击合成层，打开合成层后，在合成层里找。定位好时间指示器后，不要再移动时间指示器，返回到模块九里，此时时间指示器的位置就是合成层里定位的位置，直接按快捷键"Alt+]"即可。

步骤4：排列各层

选择最下层的模块一，按住"Shift"键，选择最上层的模块八（一定要这样选，才能排列成如图10-7所示的顺序），再执行"动画"→"关键帧辅助"→"序列图层"菜单命令。

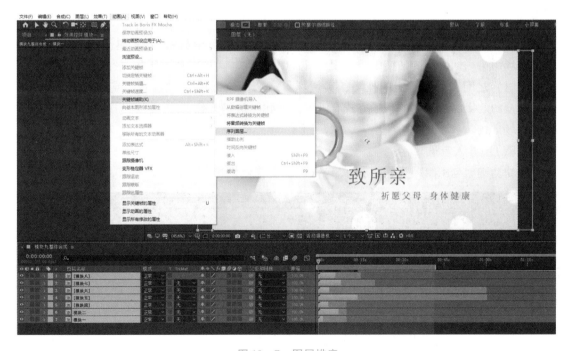

图10-7　图层排序

弹出如图 10 - 8 所示对话框。

图 10 - 8 序列图层

单击"确定"按钮，如图 10 - 9 所示。

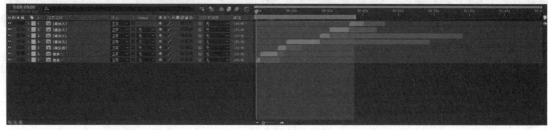

图 10 - 9 时间线面板

> **任务二** 加入音乐并再次调整各模块长度，同时添加转场

知识链接

影片经常需要进行场面转换，为了使转换的逻辑性、条理性、艺术性、视觉性更好更强，在场面与场面之间的转换中，需要一定的手法，也就是转场。转场是指两个场景（即两段素材）之间，采用一定的技巧，实现场景或情节之间的平滑过渡，或达到丰富画面，吸引观众的效果。最常见的转场方式有闪白、叠化、黑场、翻页等，可根据画面内容选择合适的转场方式。

步骤 1：导入音乐

按快捷键"Ctrl + I"导入"音乐 . WAV"，并拖到模块九合成，如图 10 - 10 所示。

图 10 - 10 添加图层到时间线面板

步骤 2：再次调整模块一长度

预览模块一，只需持续到划光结束即可，时间为"01:19"，按快捷键"Alt +]"，如图 10 - 11 所示。

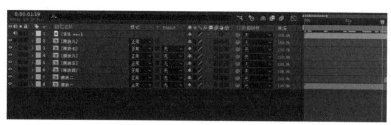

图 10 - 11　时间线面板

步骤 3：再次调整模块二长度

预览模块二，发现多人动画播放时间有点短，查看还有没有余量。双击模块二进入合成，将多人动画层出点向后拉，时间指示器在"06:20"时，该层模特开始消失，也就是该层最长能持续到此，按快捷键"Alt +]"，同时把文字层、白色纯色 2、白色纯色 1 的出点拖到此，如图 10 - 12 所示。

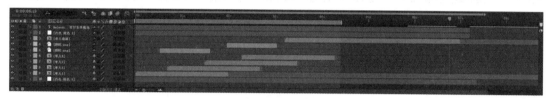

图 10 - 12　调整图层出入点（1）

因为文字层有动画，也要把末状态关键帧移到此，如图 10 - 13 所示。

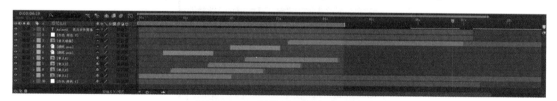

图 10 - 13　调整图层出入点（2）

保持时间指示器在"0:00:06:20"，返回模块九合成，选择模块二层，按快捷键"Alt +]"，使模块二层出点延长到此，如图 10 - 14 所示。

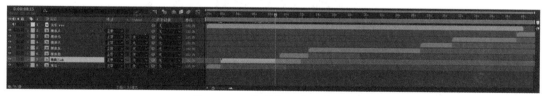

图 10 - 14　调整图层出入点（3）

步骤 4：叠化

"模块三"与"模块五"是现代画面与历史画面的相接，这里用叠化的方式更能体现时代的变迁，叠化时长为 1 秒左右。选择模块四，将层起点移到"07:11"，按"T"键显示不透明度，时间指示器在"07:11"时，不透明度修改为 0，记录关键帧，时间指示器在"08:14"时，不透明度修改为"100"，自动记录关键帧，如图 10 - 15 所示。

图 10 – 15　叠化效果制作（1）

步骤 5：制作模块六和模块七的叠化

如图 10 – 16 所示。

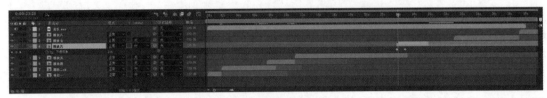

图 10 – 16　叠化效果制作（2）

步骤 6：制作模块六的转场

"模块七"圆圈模特都是扇形打开动画，为了呼应，统一视觉动画，在模块六结尾处做一个扇形遮罩动画。

先来复制扇形动画，双击"模块七""整体"，选择"扇形"层，按快捷键"Ctrl + C"复制该层，如图 10 – 17 所示。

图 10 – 17　复制图层

再返回到"模块九"，选择"模块六"，按快捷键"Ctrl + V"粘贴在模块六上，并移动到"模块六"的尾部，如图 10 – 18 所示。

图 10 – 18　添加图层

这个转场比较快，不到半秒，调整扇形层的径向擦除，时间指示器在"27：05"时，移动关键帧，过渡完成为"0"，时间指示器在"27：18"时，过渡完成为"80"，如图 10 – 19 所示。

图 10-19 径向擦除效果关键帧

再做扇形的缩放动画，按"S"键显示其缩放属性，时间指示器在"27:05"时，缩放为"221,221"，记录关键帧，时间指示器在"27:18"时，缩放为"73,73"，如图 10-20 所示。

图 10-20 缩放关键帧

制作轨道遮罩，如图 10-21 所示。

图 10-21 轨道遮罩

把扇形层的入点调整到与"模块六"的入点对齐，如图 10-22 所示。

图 10-22 调整图层入点

步骤 7：制作模块七和模块八拼接

把模块八的入点调至"35:00"处，覆盖模块七最后，如图 10-23 所示。

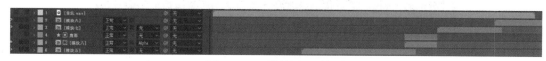

图 10-23 调整图层时间线

步骤 8：调整音频

单击音频前面的小三角，打开"音频"选项，如图 10 – 24 所示。将时间指示器移动到 "38:12"处，单击"音频电平"前面的关键帧记录器 ，创建一个关键帧，将时间线移动 到"40:00"处，修改音频电平值为" – 30"。

图 10 – 24   调整"音频电平"关键帧

各模块调整效果如图 10 – 25 所示。

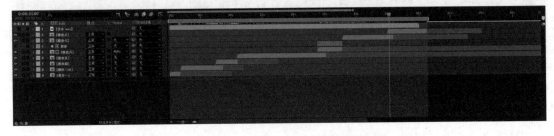

图 10 – 25   时间线各图层最终排序效果

任务三) 输出

知识链接

AE 导出的常见格式如下：

1. 序列帧动画

序列帧是把活动视频用一帧一帧的图像文件来表示，需要导出 PNG 序列帧图层，质量 会比 GIF 好一些，因为是位图，所以也能显示多种动画特效。

执行"文件"→"导出"→"添加到渲染队列"菜单命令，选择导出 PNG 序列，如图 10 – 26 所示。

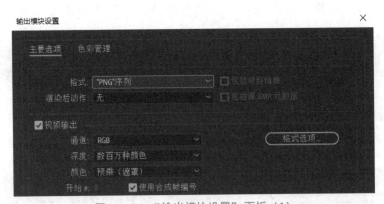

图 10 – 26   "输出模块设置"面板（1）

2. MOV 格式

MOV 即 QuickTime 影片格式，它是 Apple 公司开发的一种音视频文件格式，用于存储常用数字媒体类型。当选择 QuickTime(＊.mov)作为"保存类型"时，动画将保存为.mov 文件，如图 10 – 27 所示。

图 10 – 27　"输出模块设置"面板（2）

3. MP4 格式

MP4 格式是大家都知道的音视频文件格式，但是 After Effects 是不能直接导出的，所以需要一个插件 AfterCodecs，渲染输出速度也比 After Effects 自带格式更快，并且压缩的文件更小，画质更佳，如图 10 – 28 所示。

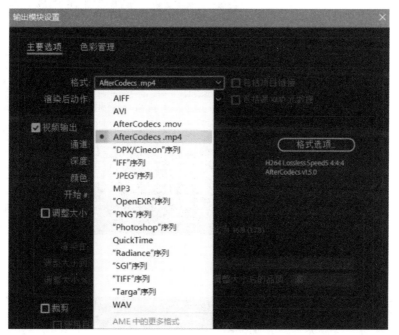

图 10 – 28　"格式"选项

任务实施

步骤 1：打入/出点输出范围

当时间指示器在"0:00:00:00"时，按"B"键打入点，选择"模块八"，按"O"键先定位好时间指示器，此时为"49:22"处，再按"N"键打出点，如图10-29所示。

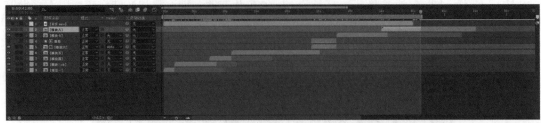

图10-29　时间线入/出点

步骤2：选择格式及压缩编码输出

执行菜单栏"文件"→"导出"→"添加到渲染队列"菜单命令或按快捷键"Ctrl +
M"，如图10-30所示。

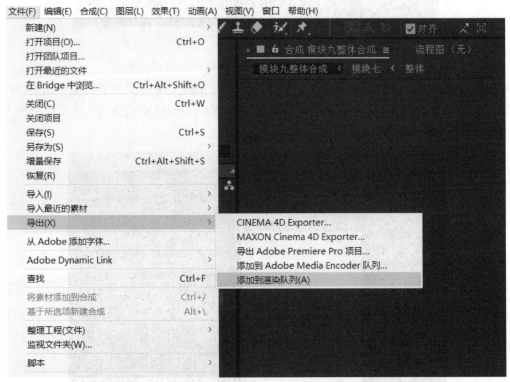

图10-30　导出视频

弹出渲染队列，如图10-31所示。

图10-31　渲染队列

单击"最佳设置"，"渲染设置"面板如图10-32所示。

图 10 - 32　"渲染设置"面板

单击"无损"，渲染设置格式为"QuickTime"，格式选项为"动画"，如图 10 - 33 所示。

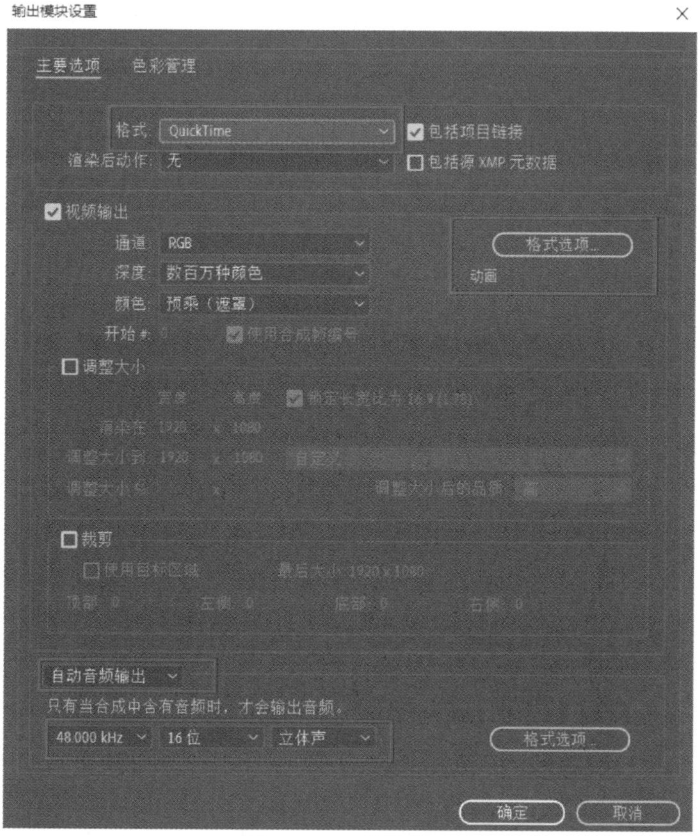

图 10 - 33　输出格式

单击"确定"按钮，单击"输出到"，找好路径保存，如图 10 – 34 所示。

图 10 – 34　输出保存位置

最后单击"渲染"按钮即可，如图 10 – 35 所示。

图 10 – 35　渲染

任务四　打包工程

知识链接

在 After Effects 中打包工程：

在 After Effects 中完成了所有的工作后，都会对所做的内容进行打包整理，这样不管在哪台电脑上都可以打开，不会导致文件丢失的问题。执行"文件"→"整理工程（文件）"→"收集文件"菜单命令，打开如图 10 – 36 所示对话框。

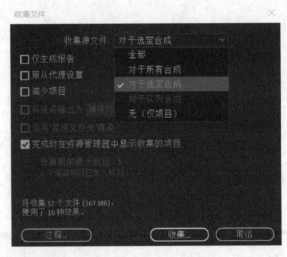

图 10 – 36　收集文件设置

任务实施

步骤 1：清理多余文件

在项目面板选择"模块九"整体合成，先清理多余文件，执行"文件"→"整理工程"→"减少项目"菜单命令，弹出菜单后单击"确定"按钮，如图 10 – 37 所示。

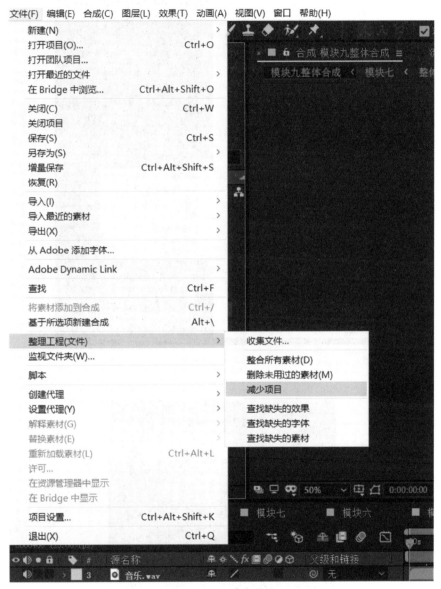

图 10 – 37　减少项目

步骤 2：收集文件

再执行"文件"→"整理工程"→"收集文件"菜单命令，如图 10 – 38 所示。

弹出"收集文件"面板，选择"对于选定合成"，如图 10 – 39 所示。

单击"收集"按钮，选择目录保存即可，打包完成后，文件结构如图 10 – 40 所示。

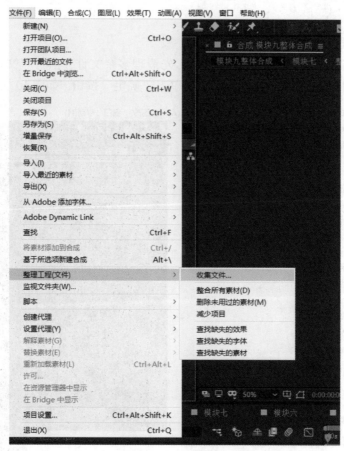

图 10 – 38　收集文件

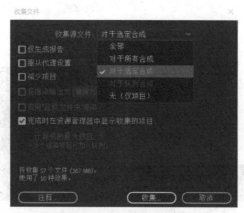

图 10 – 39　收集文件设置

图 10 – 40　文件结构

项目扩展

课后练习：综艺时尚栏目包装元素制作、输出

效果示意如图 10 - 41 所示。

图 10 - 41　素材画面

主要步骤：

（1）制作素材背景，创建黑色的纯色图层。

（2）导入不同辅助元素，制作不同的动画效果。

（3）使用文字工具输入文字，制作不同的文字效果。

（4）进行渲染输出设置，导入不同的音乐，结合音乐剪辑各合成层。

项目名称	任务内容
任务讨论	本任务主要讲解工程文件的导出方式，渲染输出设置、文件格式、压缩编码、质量控制，整理工程、打包素材。
知识链接	After Effects 图层自动排列的方法： 　1. 按住"Shift"键，根据情况选中自己想要自动排列的图层，执行"动画"→"关键帧辅助"→"序列图层"菜单命令，系统会根据选择图层的顺序进行自动排列。 　2. 持续时间是指每个图层之间重叠的时间。如果需要图层衔接出现，则不需要调整，直接单击"确定"按钮即可。如果需要图层堆叠出现，则可以更改持续时间。
任务要求	1. 掌握工程文件的导出方式。 　2. 掌握渲染输出设置、文件格式、压缩编码、质量控制。 　3. 掌握整理工程、打包素材。
任务实现	
任务总结	
课后思考	
课堂笔记	

参 考 文 献

［1］［美］丽莎·弗里斯玛（Lisa Fridsma），［美］布里·根希尔德（Brie Gyncild）. Adobe After Effects 2021 经典教程［M］. 武传海，译. 北京：人民邮电出版社，2022.

［2］敬伟. After Effects 2022 从入门到精通［M］. 北京：清华大学出版社，2022.